스무 살,
흔들리는 청춘의
여행
인문학

일러두기

• 이 책의 한글 및 외래어 표기는 〈국립국어원〉 표준국어대사전 및 '외래어 표기
법'을 따랐습니다. 다만 인명이나 지명의 경우 저자가 정한 원칙에 따라 현지 발
음에 가깝도록 표기했음을 밝힙니다.

스무 살,
흔들리는 청춘의
여행
인문학

엄민아 지음

이후

두 달 동안 지지고 볶고,
콘조의 부엌에서

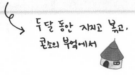

아홉 살 부쥬에게는 돈을 벌겠다고
무작정 도시로 나온 뒤 집으로 돌아갈 방법을
잊어버렸다.

우르파의 할머니와 아홉 째 손주 이쁘렁,
우연이 선물한 나의 가족

터키 유바칼리에서,
아이들의 얼굴이 햇빛을 머금은
사과처럼 빛났다.

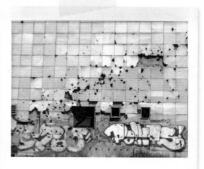

보스니아 곳곳에 상처투성이 건물들,
전쟁이 남긴 흔적들이다.

에티오피아 친구들의 변함없는 아지트,
이태원 클럽 자이언

노비사드, 밀레나의 방에서
유일한 온기는 라디에이터 하나뿐

나의 수많은 네루다들을 위하여

2013년 3월, 나는 보스니아 헤르체고비나의 한 중학교를 찾았다. 친구 지에스다나가 교생 실습을 하고 있는 곳이었다. 날씨는 영하에 가까웠지만 교실에는 이렇다 할 난방 장치조차 없었다. 아이들은 두터운 패딩 점퍼에 목도리를 두르고 올망졸망 모여 앉아 서로의 체온에 의지하고 있었다.

나는 아이들에게 내가 여행했던 여러 나라들과 한국의 이야기를 들려주었다. 내 이야기가 끝나자 곧 아이들의 질문이 쏟아졌다. "'강남스타일'이 무슨 뜻이에요?", "보스니아 음식 중에 뭘 가장 좋아하죠?", "한국에 정말 전쟁이 나나요?"

낯선 이방인을 향한 장난스러운 질문들과 제법 진지한 질문들이 오갔다. 안 그래도 또렷하고 큰 아이들의 눈이 반짝 반짝 빛나고 있었다. 여행을 하며 들은 무거운 이야기들로 지쳤던 마음이 잠시 편안해졌다. 수업을 마치고 교실을 나서는데, 담임선생님이 내 손을 잡고 말했다.

"아이들에게 새로운 세상을 경험할 기회를 주어 고맙습니다. 아이들은 민아 씨처럼 여행할 형편은 안 되지만, 이런 기회를 통해 더 넓은 세상을 꿈꿀 수 있을 거예요."

하지만 불과 몇 년 전, 스무 살 초반의 나는 콤플렉스 덩어리였다. 누군가와 마음을 나눌 여유도, 다른 이에게 꿈을 심어 줄 만한 능력도 없었다. 부모님은 고등학교 1학년 때 이혼을 했고, 집안 형편은 매달 급식비를 걱정해야 할 정도였다. 뚱뚱한 몸에 작은 눈, 누가 봐도 '예쁘다'고 할 수 없는 외모에, 조금 싹싹한 것 말고는 특별히 잘하는 것도 없는 아이였다. 그렇다고 이 모든 단점을 극복할 수 있을 만큼 머리가 좋은 것도 아니었다. 잘난 것도, 가진 것도 없으니 남들보다 열 배, 백 배 노력해야 한다는 강박증에 꽤 오래 시달렸다. 하루 다섯 시간 이상을 자면 죄책감을 느꼈고, 성적표에 올 '수'가 찍히지 않으면 몹시 불안했다.

서울에 있는 대학에 진학한 뒤로, 콤플렉스는 극에 달했다. 세상에는 어디하나 모나거나 고생한 구석 없이, 곱고 예쁘게만 자란 또래 아이들이 너무나 많다는 걸 알게 되었다. 엎친 데 덮친 격으로, 고등학교 때 2년 동안 사귀었던 남자 친구는 헤어지자는 말도 없이 나의 고등학교 동창과 만나고 있었다. 그 아이는 나와 같은 대학, 같은 과에 진학했다. 그나마 남아 있던 자존심이 바닥까지 내려갔다. 결국 나는 한 학기도 다 마치지 못하고 자퇴를 했다.

고등학교 때 딴 전산 세무 회계 자격증으로 작은 회사에 취직을 했다가 그만두고 나서는 식당 서빙에서부터 백화점 판매직, 대형마트 청소까지 닥치는 대로 일을 했다. 하루 평균 열여섯 시간 넘게 일을 하며 악착같이 돈을 모았다. 그맘때쯤 영국에 해외 자원 활동가를 양성하는 대안 학교가 있다는 사실을 알게 되었다. 그곳에서 6개월 간 훈련을 받으면 아프리카나 인도에서 개발 분야의 교육자로 활동할 수 있다고 했다. 통장에는 치열했던 스무 살이 남긴 유일한 결실인 월급이 차곡차곡 쌓여 있었다. 나는 그 돈으로 번듯한 꿈을 한번 그려 보자 마음을 먹었다.

그런데, 통장에 들어있던 천오백만 원이 물거품처럼 사라지고 말았다. 사기를 당한 것이다. '선택적 망각'이라 했던가. 지금에 와서는 반쯤 넋이 나간 상태로 경찰서를 오간 것 말고는 그 큰돈을 어떻게 잃었는지 기억이 나질 않는다. 그저 모든 것이 내 잘못이라고만 생각했다. 가까운 친구는 물론이고, 가족들에게도 털어놓을 수가 없었다. 어쩜 그렇게 어리석으냐고, 멍청하냐고, 내게 손가락질하고, 실망하는 모습이 그려졌기 때문이다. 나는 사람과 세상이 무서워 그냥 방안에 꽁꽁 숨어버렸다. 우울증은 폭식으로 이어졌

고, 반 년 만에 몸무게는 무려 이십 킬로그램 가까이 불어났다.

　도시에서 낙오됐다고 느꼈을 때, 내가 태어나 자란 곳, 강원도 영월이 떠올랐다. 아빠는 그곳에서 카센터를 운영하며 가게 건물에 여섯 평 남짓한 컨테이너를 붙여 살고 있었다. 그곳엘 비집고 들어갔다. 낮에는 근처 건설 현장 사무실에서 경리 일을 보고, 퇴근 후에는 집 앞 강변에서 자전거를 타거나 책을 읽었다. 주말에는 아빠와 봉래산에 올라 돗자리를 펴놓고 오후 내내 가만히 누워 나무 냄새를 맡다가 내려오곤 했다. 그렇게, 매일 꾸는 악몽이어도 좋으니 제발 꿈이기만 해달라고 빌었던 그 끔찍한 날들이 서서히 잊혀졌다. 그 대신 그런 일이 있고 난 뒤에도 여전히 내게 남아 있는 것들을 생각했다.

　나의 부모님은 당신들이 충분히 배우지 못하고, 일찍부터 먹고 사는 일에 매달려 젊음을 소진해야 했던 탓에 자식들은 자유롭게 꿈을 펼치며 훨훨 날아다니길 바라셨다. 나와는 성격도, 관심사

도 정반대인 언니는 "네가 어떻게 나랑 한 배에서 나왔을까?"라며, 우리 둘 사이의 차이를 오랫동안 이해하지 못했지만, 차츰 나와 내가 걷고자 하는 길을 인정해 주었다.

갑작스런 부모님의 이혼으로 가족이라는 울타리가 해체되었을 때 은사님과 친구 들은 내게 가장 큰 힘이 되었다. 고1 때 담임이던 고명란 선생님은 지금도 내 휴대폰에 "울엄마"라는 이름으로 저장이 되어 있을 정도로 고등학교 3년 내내 엄마 없는 빈자리를 살뜰히 챙겨 주었고, 정의목 선생님은 고등학교 졸업식 날 당신이 열아홉 살 때 샀다는 30년도 넘은 카메라를 주며 눈에 아름다운 것들을 담으며 살아가라 하셨다. 고2 때 담임인 이상엽 선생님은 강원랜드 복지재단에서 후원하는 '폐광 지역 청소년 유럽 연수'에 나를 추천해 주셨는데, 그렇게 얻은 2005년의 첫 해외 경험은 이후 내 모든 여행의 출발점이 되었다. 그때 함께 연수를 떠났던 친구들 중에는 나처럼 집안 형편이 어렵고 마음에 상처가 있는 아이들이 많았는데, 우리를 인솔했던 복지재단의 김영민 선생님은 그런 우리들을 후원의 대상으로만 보지 않고 같은 눈높이에서 함께 고민하며 지금까지도 솔직한 조언을 해 주고 계신다.

문득, 열망하던 것들과 그것들을 위한 실천들로 일기장을 빼곡히 채우던 나날들, 작은 것 하나에도 감동하고 모든 것에 감사하던 지난날이 몹시 그리워졌다. 그 그리움이 나를 에티오피아로 향하게 했다. 나를 찾아 떠난 여행이었지만 오히려 타인을 바라보는데 더 많은 시간을 할애했고, 공기처럼 가볍고 싶어 떠돌기를 자청했지만 길에서 만난 인연들은 마음에 크고 작은 추가 되어 나를 붙잡았다. 여행에서 나를 움직인 것은 나의 두 다리가 아니라 사람과 사람, 만남과 만남 사이에 만들어지는 그 묘한 인력이었다.

긴 여행에서 돌아온 어느 날, 나는 시차 적응을 하지 못하고 새벽 3시에 영화 〈일 포스티노Il Postino〉를 보았다. 시골 섬의 가난한 어부였던 마리오라는 남자가, 파블로 네루다와 만나 그에게서 메타포를 배우고, 사랑하는 연인 베아트리체를 위해 시인이 되고, 마침내는 프롤레타리아를 대변하는 사회주의 운동가로 변신하는 이야기였다. 그 영화는 단순한 로맨스가 아니라, 우연한 만남에서 기인한 한 사람의 성장기였다. 마리오가 네루다에게서 시를 배웠고, 그 시를 통해 세상을 달리 볼 수 있었다면, 내게는 여행길에서 만난 한 사람, 한 사람이 네루다 같은 존재였다. 이 책은 바로 그들이 내게 들려 준 시에 대한 나의 보잘 것 없는 답장이다.

엄민아

1

13월,
새로운 태양이
뜨는 곳

첫 번째 _____
바다 건너 곱슬머리 내 동생

데레제와
하위

"안녕하세요. 〈한국국제봉사기구〉입니다. 안타까운 소식 전해드리
려고 합니다. 우선 저희 단체 '해외 장기 NGO 봉사단'에 지원해 주
신 것을 진심으로 감사드립니다. 안타깝게도 한정된 인원을 선발해
야 하는 관계로 2009년 장기 봉사자로 선발되지 못하셨음을 알려드
립니다."

　2010년 1월, 고향인 강원도 영월에서 건설회사 경리로 일하고
있을 때였다. 달마다 조금씩 후원을 하고 있던 NGO에서 에티오
피아로 파견할 장기 봉사자를 모집한다는 소식에 지원을 했는데,
최종 면접까지 갔다가 보기 좋게 미끄러지고 말았다. 3년 전부터
후원해 오던 하위와 데레제를 직접 만날 생각에 한껏 부풀었던 마
음은 그렇게 가라앉는 듯했다. 하지만 아쉬운 마음은 쉽게 사라지
지 않아 며칠 뒤 나는 직접 에티오피아로 가는 비행기 표를 예약

　　　　스무 살, 흔들리는 청춘의 여행 인문학

했다. 불합격 통보가 오히려 계획하지 않았던 에티오피아 여행의 문을 열어 준 셈이었다.

처음에는 이왕 이렇게 된 거, 아프리카를 육로로 횡단하는 여행을 해 볼 생각이었다. 아프리카를 종단으로 여행한 사람들은 꽤 있었지만 한국뿐만 아니라 외국에서도 아프리카 대륙을 가로지르는 여행에 성공한 사람은 매우 드물었기 때문이다. 에티오피아에서 하위와 데레제를 만나고 난 뒤에 북쪽이나 서쪽으로 아프리카 대륙을 관통해 모로코를 거쳐 스페인까지 이동하는 여정이었다. 에티오피아행 비행기 표를 사고 나서 통장에 남은 돈은 고작 250만 원. 내가 세운 계획대로라면 비자를 받는 데에만 거의 백여만 원이 들어간다는 것을 알고 있었음에도, 먹고 자는 데 쓰는 돈을 아끼면 어떻게든 성공할 수 있을 것처럼 보였다. 지금 생각해 보면 무모하기 짝이 없었다.

아프리카로 여행을 간다는 나의 말에 주변 사람들은 한결같이 부정적인 반응을 보였다. "거기 엄청 위험하잖아!" "뉴스 보니까 날마다 폭탄 터지고, 전쟁만 하던데." "TV에서 봤는데, 아프리카 사람들 너무 불쌍하더라. 얼마나 못 먹었으면 뼈가 앙상할까?" "거기 전기는 들어오니?" 등등, 잔뜩 꿈에 부풀어 있던 나를 주눅 들게 할 정도였다.

하지만 아프리카에 실제로 다녀온 여행자들이나 그곳에 살고 있는 사람들의 말은 상당히 달랐다. 마침 고향집에서 멀지 않은 곳에 아프리카 미술 박물관이 있어 찾아갔는데, 그곳에서 만난 관장님은 그동안 내가 언론에서 접하지 못했던 아프리카의 세계를 그곳에 전시된 다양한 작품들을 통해 설명해 주셨다. 그렇게 해서 새롭게 상상하게 된 아프리카는 오히려 사람과 자연의 냄새가 뒤섞인 풍부한 삶의 공간이었다.

　2010년 5월 3일. 마침내 나는 황량한 시나이반도를 지나 에티오피아 상공 위를 날고 있었다. 창문으로 초록 빛깔 조각보처럼 짜인 밭들이 보였고, 땅은 구름과 거의 같은 높이에 솟아 있었다. 에티오피아의 첫인상은 내게 풍요로움이었다. 수도 아디스아바바 Addis Ababa에 위치한 볼레 공항에 내리자 후덥지근한 공기의 촉감이 느껴졌다. 양 손에는 제약회사에 근무하는 선배에게 부탁해 후원받은 의약품 한 상자와 아프리카 관련 온라인 카페에서 모아 준 옷들이 들려 있었고, 어깨에는 빈틈없이 꽉 채운 45리터짜리 배낭을 짊어진 채였다.
　공항 화장실 벽에 다닥다닥 붙어 있는 모기 수십 마리를 보니 비로소 내가 완전히 낯선 땅에 도착했다는 실감이 났다. 이미 한참 전부터 마중을 나와 있었다던 〈한국국제봉사기구〉의 한인 봉사단원과 현지인 직원의 안내로 공항을 빠져나왔다. 마침내 상상만 해 오던 아프리카, 그리고 에티오피아 땅에 발을 내딛는 순간이었다. '새로운 꽃'이라는 뜻의 도시 이름에 걸맞게 공항 주위에는 각양각색의 꽃이 예쁘게 심어져 있었다.

아디스아바바에 도착해 가장 먼저 찾은 곳은 데레제의 집이었다. 상공에서 느꼈던 풍요로움, 깔끔하고 세련된 볼레 공항의 이미지와는 달리 시내에 들어서자마자 마주한 것은 참기 힘든 매연과 거리를 가득 메운 부랑자들이었다. 데레제의 집에 가까이 다가갈수록 나는 시선을 어디에 두어야 할지 몰랐다. 사정은 이미 알고 있었지만, 데레제가 산다는 마을은 겉모습만으로도 팍팍한 살림살이를 한눈에 느낄 수 있는 곳이었다.

소똥을 발라 지은 5, 6평 남짓한 공간에서 데레제는 할머니, 누나, 동생과 함께 살고 있었다. 부모님은 데레제가 어렸을 때 모두 돌아가셨고, 최근에는 할머니에게 신우신염이 생겨 사정이 더욱 나빠졌다고 했다. 창문이 없는 데레제의 집은 해가 조금이라도 기울면 금세 한밤중처럼 깜깜해질 것 같았다. 데레제가 학교에 있는 동안 가족들과 이야기를 나누었는데, 할머니는 내 손을 잡고 고맙다는 말을 반복하셨다.

"천만에요. 제가 더 감사해요."

사기를 당한 이후로 그래도 먹고살아야 했기에, 하루에도 두세 개의 아르바이트를 동시에 뛰며 꿈도 잊어 가던 시절, 데레제와 하위가 이따금씩 보내오는 편지가 내게 얼마나 큰 행복이고 위안이었는지 설명할 수 없다는 것이 안타까웠다.

데레제가 다니는 학교 앞에 다다랐을 때, 하얀 얼굴의 낯선 이방인의 등장으로 일대가 소란스러워졌다. 봉고차에서 내리자마자 수백 명의 사람들에게 둘러싸였고, 그 정신없는 틈에서 데레제가 쭈뼛거리며 다가와 수줍은 얼굴을 내밀었다. 데레제는 사진으로 본 것보다 훨씬 말라 있었다.

"안녕, 데레제."

데레제를 실제로 만나면 힘껏 포옹해 주어야지 내내 생각했는데, 너무 수줍어하니 이렇게 첫 인사를 건넬 수밖에 없었다. 한국에서 챙겨 온 선물을 꺼내고, 몇 차례 손을 잡고, 눈을 마주치고, 주변의 도움으로 몇 마디를 나누고 나니 곧 데레제와 작별해야 할 시간이 왔다. 그날 오후에는 아디스아바바에서 차로 한 시간 정도 떨어진 곳에 사는 하위의 집을 방문하기로 되어 있었기 때문이다. 어쩌면 마지막이 될지도 모를 그 순간에 나는 용기를 내어 데레제를 안았고, 떨어지지 않는 발걸음을 애써 돌려야 했다.

하위가 살고 있는 데브라제이트Debra Zeit는 단어 그대로 해석하면 '비옥한 땅'이라는 뜻이다. 하지만 아디스아바바와 마찬가지로 내가 그곳에서 마주한 풍경은 도시의 이름을 무색하게 했다. 길가에는 차에 치어 죽은 동물들이 아무렇지 않게 방치되어 있었고, 부랑자들은 내가 타고 있는 차의 창문을 두드리며 손을 내밀었다. '개발도상국 중에서도 최빈국'으로 분류되는 이 나라 경제 사정은 알고 있었지만 코앞에서 현실을 마주 하고 보니 할 말을 잃었다. 딱딱하게 굳은 내 표정을 보고는 에티오피아에 파견된

지 이제 넉 달이 된 봉사단원이 말했다.

"아직 적응이 안 되죠? 저도 처음에는 많이 놀라고 당황했어요. 그런데 이게 에티오피아의 현실이에요. 갈 길이 멀죠."

나는 어색한 미소를 지으며 다시 차창 밖으로 시선을 돌렸다. '갈 길이 멀죠'라는 말이 너무 까마득하게 다가왔다.

초등학교가 끝나는 시간에 맞추어 하위를 마중 나갔다. 수업을 마친 아이들 수십 명이 일제히 교문 밖으로 쏟아져 나왔다. 나는 그 바람에 혹시나 하위를 놓치지는 않을까 걱정하고 있었는데, 기특하게도 하위가 나를 먼저 알아보고는 환히 웃으며 달려와 내 품에 와락 안겼다.

"데나이스띨린.(Dehna yistilign, 만나서 반가워요.)"

하위의 손을 잡고 아이의 할머니와 어머니, 그리고 아직 중학생인 어린 삼촌이 함께 살고 있는 집으로 갔다. 시멘트를 발라 지은 하위의 집은 겉으로 보기에도 소똥을 어설프게 바른 데레제네보다는 훨씬 형편이 나아 보였다. 할머니는 한국에서 왔다는 손님을 맞이하기 위해 침대 옆에서 갓 볶아낸 원두로 분나(에티오피아 커피)를 끓였고, 하위와 꼭 닮은, 이제 겨우 이십대 중반이라는 하위의 어머니는 주방에서 팝콘을 튀겼다.

어색하게 앉아 그들이 자리로 돌아오기를 기다리다 가족들의 사진이 담긴 액자가 가지런히 놓여 있는 선반이 눈에 들어왔다. 액자 옆에는 그동안 내가 보낸 편지며, 그림 들이 하나하나 곱게 진열돼 있었다. 너무 오래 전에 보내 나조차 잊었던 물건들이라 반가운 마음에 훑어보는데, 유독 한 액자에서 눈을 뗄 수가 없었다. 가족사진이 담긴 액자 한쪽 모서리에 내 증명사진이 함께 끼워져 있었던 것이다.

"민아 언니. 언니는 우리 가족이에요. 저 학교에서 공부도 열심히 하고 있어요."

하위가 가방을 열어 학교에서 쓰는 공책들을 침대 위에 펼쳐놓고 내게 보여 주었다.

"고마워. 나를 가족으로 받아 줘서."

소박하지만 하위와 가족들의 진심어린 환대가 마음으로 전해졌다. 하지만 하위와 약속된 한 시간도 순식간에 지나갔다.

"아머세그날로. 민아 으훗트예, 챠오!(고마워요. 민아 언니. 잘 가요!)"

하위가 내 볼에 뽀뽀를 하며 작별 인사를 했다. 몇 년을 기다려 온 순간이었지만, 아이들과의 만남에 주어진 시간은 너무나 짧고 촉박했다. 하지만 불평할 수 없는 노릇이었다. 현장 일도 바쁜데, 나를 안내하기 위해 하루를 온전히 비운 분들의 입장도 생각해야 했다. 그날의 만남은 그것으로 끝이었지만 나는 데브라제이트에 며칠을 더 머무르기로 했다. 어쩌면 하위를 한 번 더 만날 수 있을지도 모른다는 막연한 기대감도 있었다.

그날 밤 늦게, 급하게 예약한 호텔 방에 들어섰다. 봉사단원 세

명과 현지인 직원 두 명에게 거한 저녁식사를 대접받고, 에티오피아에 도착한 이래 처음으로 혼자가 되었다. 데브라제이트에서 가장 고급스러운 축에 속한다는 호텔인 만큼 배낭여행자인 내게는 무척 호사스럽게 느껴지는 곳이었다. 푹신한 침대에 물먹은 솜처럼 축 늘어져 있다가 이곳에 하위를 데리고 와 며칠이라도 함께 지낼 수 있다면 얼마나 좋을까 하고 생각했다.

'아휴, 이 놈의 오지랖. 아이들을 동정하진 말아야지.'

문득 데레제와 하위를 만나자마자 선물과 한복을 꺼내들고 수선을 피운 일이 생각나 나도 모르게 얼굴이 달아올랐다. 한 번 입어 보고 말 옷을 사간 것도 후회스러웠지만, 많은 사람들이 보는 앞에서 꼭 그렇게까지 요란을 피워야 했을까 싶었다. 데레제와 하위에게 "너희들은 내 친동생과 같아"라는 메시지를 전하고 싶었을 뿐인데, 결과적으로는 그저 후원자인 나의 위치를 과시한 꼴이 된 것 같아 마음이 편지 않았다. 한복을 입은 채로 친구들과 이웃들에게 둘러싸여 쑥쓰러워하던 데레제의 얼굴이 잊혀지지 않았다. 아이들이 나를 위해 애써 웃어 준 것은 아닐까? 그런 생각을 하며 베개 밑으로 얼굴을 쑤셔 넣었다. 부끄러움과 나 자신에 대한 짜증이 뒤섞인 채로, 에티오피아에서의 첫날밤은 그렇게 지나갔다.

데브라제이트에서는 그 뒤로 며칠을 더 머물렀다. 그리고 닷새째 되는 날, 다행히 하위를 한 번 더 볼 수 있었다. 내가 아직 떠나

지 않았다는 소식을 들은 하위의 어머니가 주말 예배가 끝나는 시간에 맞추어 내게 연락을 한 것이다. 통역 없이는 의사소통을 할 수 없었던 하위와 나는 내 일기장에 쉬운 단어들을 그림으로 그려가며 나름대로 오붓한 시간을 보냈다.

싸마이(구름), 즈나브(비), 위프(새), 우샤(강아지), 군단(개미), 암바사(사자), 에바브(뱀)…….

하위는 처음 후원을 시작했을 때만 해도 글을 읽고 쓸 줄 몰라 늘 단체의 도움을 받아 내게 편지를 써 왔다. 그러던 아이가 서툴지만 자기 손으로 직접 편지를 쓰고 내 얼굴을 그린 그림을 그려 보내오더니, 이제는 내게 자신의 언어를 가르쳐 주고 있었다. 하위가 내게 가르쳐 준 단어들은 내가 처음으로 배운 암하릭(에티오피아어)이 되었는데, 이 단어들은 도통 쓸 일이 없는데도 불구하고 내 머릿속에서 지금까지도 잊혀지지 않고 있다.

데브라제이트를 떠나기 전, 〈한국국제봉사기구〉의 지부 사무실에서 하룻밤 신세를 지기로 하고 혼자 길을 찾아 걸어가는데 화장실은 급해 죽겠고, 배낭은 무겁고, 한 시간여를 걸었지만 도통 사무실은 나타날 기미가 보이지 않았다. 설상가상으로 무지막지한 소나기가 퍼붓기 시작했다. 급히 배낭만 방수 커버로 덮고 빗속을 걷는데 미용실 처마 밑에 모여 비를 피하고 있던 동네 주민들이 나를 부르며 이리 오라고 손짓을 했다.

"Come on! Wait here! Just a moment!"

사람들은 서로의 어깨를 더욱 가까이 붙여 내가 설 수 있는 자리를 기꺼이 만들어 주었다. 딱히 말이 통하는 것도 아니었는데, 우리는 비가 멈출 때까지 그렇게 아슬아슬하게 비를 피하며 깔깔거렸고, 마침내 비가 그치자 각자의 길로 흩어졌다.

방금 전까지만 해도 세차게 내리는 비를 맞으며 오들오들 떨었던 것 같은데, 미용실 처마 밑을 나설 때에는 묘한 온기가 느껴졌다. 그 온기 덕분인지 이제 정말로 하위와 기약 없는 작별을 해야 한다는 생각에 초조했던 마음도 녹아내렸다. 4년 동안의 기다림을 상쇄하기에 두 번의 만남은 너무 짧았지만, 내가 어디에 있든, 하위는 이곳 가난하지만 따뜻한 사람들이 사는 마을에서, 여전히 고운 미소를 잃지 않은 채 어여쁜 아가씨로 성장해 갈 거라고, 나와의 이별에 연연하지 않고 앞으로 살아가는 동안 수많은 인연을 맺어 가며, 씩씩하게 잘 살아갈 거라고, 희망 섞인 믿음을 가질 수 있었다.

스무 살, 흔들리는 청춘의 여행 인문학

여행자라는
이름의 불청객

　데브라제이트에서 묵었던 호텔은 겉만 번지르르하지 실상은 모기장 하나 갖춰져 있지 않아서 그곳에 머무는 내내 모기들과 싸우느라 잠 한숨 편히 자지 못했다. 첫날밤에는 소파에서 일기를 쓰다가 그대로 잠이 들어 버렸는데, 일어나 배낭을 열어 보니 한국에서 챙겨온 빨간 소독약과 아꼈다 먹으려고 깊숙이 숨겨 두었던 김치가 터져 난장판이었다. 가지고 온 옷가지와 물건들 하나하나를 꺼내어 씻는데, 갑자기 눈물이 마구 쏟아졌다. 그제야 내가 한국에서 아주 먼 곳에, 혼자 와 있다는 사실이 실감난 것이다.

　앞으로 밥은 어디서 먹고, 잠은 어디서 잘지, 내일은 어디로 향할 것이며, 그곳까진 또 어떻게 갈지, 그동안 묻어 두었던 걱정들이 물 밀 듯이 밀려왔다. 아침에는 별 생각 없이 호텔을 나섰다가 휘파람을 불어대며 말을 걸어오는 남자들 때문에 잔뜩 겁을 먹고는 호텔로 쫓기듯 돌아왔다. 준비도, 대안도 없이 무작정 비행기

표부터 끊은 내 객기가 처음으로 원망스러웠다.

그렇게 외로움과 불안감에 사무쳐 있을 때, 내 방문을 두드린 사람이 있었다. 호텔 객실 청소를 하는 딩카네쉬였다. 비쩍 마른 몸과 윤기 없는 피부, 한눈에 보아도 가난을 읽어 낼 수 있는 작은 몸집의 열아홉 살 아이였다. 나는 청소를 해야 한다는 딩카네쉬를 붙잡고 수다나 떨자고 했다. 딩카네쉬는 피붙이 하나 없는 혈혈단신으로, 학교는 구경도 못해 보고 아주 어렸을 때부터 먹고살기 위해 빗자루와 걸레를 잡았다고 했다.

딩카네쉬가 다른 객실을 청소하러 떠나기 전, 나는 딩카네쉬의 사진을 찍어 주었다. 여행 중 만난 사람들에게 사진을 선물하려고 한국에서부터 가져온 즉석 인화기도 개시했다. 딩카네쉬는 태어나서 처음 가져보는 자기 사진이라며 너무 기뻐했다. 딩카네쉬의 미소 덕분에 오전 내내 우울했던 마음을 훌훌 털어버릴 수 있었다.

딩카네쉬와 나는 그렇게 '친구'가 되었다. 호텔 숙박비가 생각보다 비싸 고민하던 내게 딩카네쉬는 스스럼없이 자기 집에서 하룻밤 잠자리를 허락해 주었다. 딩카네쉬의 집에서 묵기로 한 날, 그 아이는 고운 연두색 스카프를 두르고 나를 마중 나왔다. 딩카네쉬의 집은 나무 기둥에 파란 비닐을 엉성하게 덮어 놓은, 집이라고 하기에도 민망한 곳이었다.

"너는 앞으로 하고 싶은 일이 뭐야?"

두 사람이 들어가면 움직일 공간조차 없는 한 칸짜리 방에 있

스무 살, 흔들리는 청춘의 여행 인문학

자니 자꾸 어색한 마음이 들어 무심코 던진 질문이었다.

"배 굶지 않을 정도로 밥을 먹을 수 있으면 좋겠어. 빵 하나로 하루를 버티는 건 이제 정말 지긋지긋해."

그러고서는 불현듯 무언가 생각났다는 듯이 딩카네쉬가 눈을 반짝이며 물었다.

"나 한국에 가고 싶어. 어떻게 하면 돼?"

"한국에? 글쎄, 공부를 해서 유학을 갈 수도 있고, 돈을 모아 여행을 갈 수도 있고……."

딩카네쉬가 고개를 떨궜다. 학교 문턱도 넘어 보지 못한 딩카네쉬가 대학 공부를 해 장학생이 될 수 있을 리도 없고, 배불리 밥 먹는 것이 꿈이라는 가난한 호텔 노동자가 해외 여행을 할 수 있을 정도로 돈을 모으는 것도 현실적으로 불가능한 일이었다. 빛 한 줄기 들어오지 않는 그 어설프고 눅눅한 공간에서, 꿈이 없는 가난한 청춘과 많은 걸 가졌음에도 그런 이에게 딱히 해 줄 것이 없는, 마음이 가난한 청춘이 어색하게 마주 앉았다.

우리는 밖에 나가 함께 점심을 먹기로 했다. 딩카네쉬는 나를 시장 근처에 있는 식당으로 데리고 갔다. 우리는 '뚭스'라는 에티오피아식 숯불구이를 주문했다. 숯불이 담긴 화로 위에서 한 입 크기로 썰린 소고기가 양념되어 먹음직스럽게 익고 있었다. 식사를 마치고 나서 시장을 한 바퀴 돌며 산책을 했다.

"민아야, 이리 와 봐. 이 티셔츠 어때? 예쁘지? 이건 어때? 둘다 예쁘다. 그치?"

딩카네쉬의 얼굴과 목소리에 활기가 넘쳤다. 쇼핑을 좋아하는
건, 여느 또래 여자 아이들과 별반 다르지 않았다. 그렇게 화기애
애하게 옷과 스카프 따위를 구경하다가 딩카네쉬가 갑자기 옷 한
벌을 가리키며 천진한 표정으로 말했다.

"민아, 난 이게 마음에 들어. 나 이거 사줘."

점심 식사 값을 당연하듯 내가 낸 게 잘못이었을까? 하룻밤 재
워 주는 게 고마워 성의를 표시한 것일 뿐이었는데, 딩카네쉬는 단
단히 오해하고 있는 것 같았다. 자꾸만 무언가를 사달라는 딩카네
쉬를 진정시키기 힘들어 나는 배낭 아래 여분으로 넣어 둔 티셔츠
를 꺼내 딩카네쉬에게 건넸다.

"딩카네쉬, 이게 내가 해 줄 수 있는 전부야. 나도 돈이 없어. 이
제 우리 시장 구경 그만하고 집에 가자."

시무룩해진 딩카네쉬와 집으로 돌아가는 길에 여러 생각이 오
갔다.

딩카네쉬의 집에 오기 전 날, 호텔 리셉션에서 일하는 헬렌의
집에 신세를 졌는데, 그곳에서도 비슷한 일이 있었다. 저녁을 먹고
침대에 누워 있는 내게 헬렌은 너무 당당하게 그날 가족들과 함께
먹은 저녁 밥값과, 음료수 값, 심지어 헬렌이 나를 소개시켜 준다
며 오빠들에게 전화를 거느라 다 써 버린 모바일 카드 값까지 요
구했다. 계란과 감자를 볶아 낸 소박한 저녁식사에 따스한 위안을

받았다고 생각했는데, 그런 몇 시간 전의 내 마음이 배신을 당한 느낌이었다.

"나는 우리가 친구라고 생각했는데, 네게는 단지 호기심이었니?"

지금에 와 생각해 보면 여행 초반에 헬렌과 딩카네쉬를 만나 그런 일을 겪은 것은 차라리 잘 된 일이었다. 여행자로서 맺을 수 있는 관계의 현실과 한계를 직시할 수 있었기 때문이다. 내가 만난 대부분의 현지인들은 단지 외국인이라는 이유만으로 내게 과분한 친절과 호의를 베풀어 주었지만, 그들이 내게 내어 주는 차 한 잔, 밥 한 끼, 그리고 공간들 중 내가 마땅히 받을 만한 것은 사실 아무것도 없었다. 입장을 바꿔 생각해 보면, 만일 헬렌과 딩카네쉬가 내게 특별한 우정을 느꼈더라면 상처를 주는 쪽은 오히려 내가 되었을 것이다. '여행자'라는 이름으로 머무는 이상, 언젠가는 결국 떠나야 하기 때문이다. 이후로 나는 현지인들과 관계를 맺고 그들의 일상에 접근할 때 좀 더 신중하게 되었다.

'나는 이들의 삶에 잠시 발을 들인 불청객이다.'

여행을 할 때마다 일종의 자기 암시처럼 마음속에 새기는 이 문장은 현지인들에게 무언가를 기대하기보다는 내가 가진 것(그것이 물질적인 것이든, 나의 재능이든, 이야기이든)을 먼저 나누게 만든다. 그런 호혜적인 관계가 성립될 때라야 비로소 여행자의 신분을 넘어서 그들을 민낯으로 만날 수 있다고 믿기 때문이다.

어느 날엔가 끝없이 펼쳐진 옥수수밭을 걷다가 갑자기 허기가 밀려왔다. 수중에는 돈 한 푼 없어 난감하던 찰나, 옥수수를 한 아름 안고 가는 여자아이가 보였다.

"내가 사진 찍어 줄게. 대신 옥수수 하나만 줄래?"

아이의 집으로 가 가족사진을 찍어 인화를 해 주고 대신 알이 꽉 찬 옥수수 두 개를 받았다. 그렇게 사소한 거라도 나누고 나니, 아이도 나도 헤어지는 순간까지 기분이 좋았다. 여행을 하다 보면 이처럼 길 위에서의 우연한 만남이 뜻하지 않는 배움의 기회를 주기도 한다. <민아>

두 번째 ____
당신들의 쌀람

인제라와
분나

　여행을 떠나기 전, 『희망을 여행하라』라는 책을 읽은 적이 있다. 한국에서 '공정 여행'이라는 주제를 본격적으로 다룬 첫 책이었다. 사이버대학에서 호텔관광경영학을 공부하며 섹스 관광이나 골프 관광 따위가 야기하는 인권과 환경문제, 거대 호텔 체인과 항공사가 주도하는 관광산업의 불평등한 수익 구조를 알게 된 터라, 내게는 '공정 여행'이라는 개념이 몹시 흥미롭게 다가왔었다. 그 책을 통해 알게 된 웹사이트(www.responsibletravel.com)에서 나는 에티오피아에 〈스트로베리필드 에코롯지Strawberry Field EcoLodge〉라는 이름의 공정 여행 숙소가 있다는 것을 알게 되었다.

　에티오피아 남부주 콘소Konso에 위치한 〈스트로베리필드 에코롯지(이하, 롯지)〉에서는 일반적인 숙박도 가능하지만 봉사자나 인턴이 되어 토착민들의 생활방식과 농경법을 배우고, 내가 가지고 있는 지식을 공유할 수도 있다. 콘소는 다른 지역과 비교했을 때

거의 개발이 되지 않은 곳이라, 전화도 잘 통하지 않고 수도와 전기도 마음대로 사용할 수 없는 곳이라기에 오히려 반가웠다. 일부러라도 그런 삶을 한 번 살아 보고 싶었기 때문이다. 지금까지는 그저 여행객에 불과했지만, 그곳에서는 현지인들과 함께 부대끼며 생활하는 것이 가능하지 않을까 하는 기대도 있었다. 에티오피아 사람들에게조차 낯선 에티오피아 최남단의 작은 마을, 콘소로 떠나는 여정이 그렇게 결정되었다.

롯지에 도착한 봉사자는 자신이 할 일을 스스로 찾아야 했다. 나보다 2주 먼저 롯지에 온 독일인 코니와 스테판은 각각 원예학과 농학을 전공해 콘소 주민들과 함께 천연비료 만드는 법을 연구하거나 주민들에게 자신들이 알고 있는 기술을 가르쳐 주고 있었다. 반면 사이버대학에서 호텔관광경영학을 공부하고, 작은 회사에서 회계 일을 맡아 본 게 경력의 전부인 나로서는 딱히 내세울 만한 것이 없었다.

그때 불현듯 고등학교 때부터 무수히 많은 식당에서 아르바이트를 했던 경험이 떠올랐다. 고기 집, 피자 가게, 인도 음식점에서부터 고급 레스토랑까지, 다뤄 보지 않은 음식이 거의 없고, 해 보지 않은 일도 없었다. 설거지나 양파 썰기, 마늘 까기 같은 것은 눈 감고도 할 수 있을 정도로 주방 일은 내게 친숙했다.

"주방에서 일할게요."

인턴과 봉사자들을 관리하는 짐바브웨 출신의 티차파 할아버지
는 내 말에 무척 당황한 눈치였다.

"주방 직원들은 다 현지인들이라 영어를 할 줄 아는 사람들이
없는데 괜찮겠니?"

"제가 암하릭을 배우면 되죠!"

그렇게 나는 롯지의 주방 보조가 되었다.

주방 직원들은 처음엔 말도 통하지 않고, 생김새도 낯선 이방인
인 나를 경계하는 듯했다. 사실 주방 일이란 게 새벽부터 밤까지
워낙 정신없이 바쁘게 돌아가는지라 나 같은 초짜에게 신경을 쓸
겨를이 없었다고 하는 게 정확할 것이다. 직원 예닐 곱 명이 수십
명의 자원봉사자와 직원, 여행객들의 삼시 세끼를 챙겨 주는 일은
전쟁에 가까웠다.

그렇다고 언제까지 꿔다 놓은 보릿자루처럼 있을 순 없었다. 밤
마다 악착같이 암하릭을 공부하고, 음식과 식재료, 주방 도구의
이름을 달달 외웠다. 며칠이 지나자 대충 '아, 지금 주방장이 프라
이팬을 찾고 있구나', '오늘 점심 메뉴가 이거구나', '포크랑 나이프
를 더 씻어 놓아야겠구나'라는 걸 눈치껏 알아들을 수 있을 정도
가 됐다.

일이 손에 익자 함께 일하는 사람들이 눈에 들어왔다. '햇살'이
라는 뜻의 이름에 걸맞게 직원들을 늘 따뜻하게 감싸 주는 주방장
짜하이 아주머니, 손이 빨라 한 번에 두세 사람 몫을 거뜬히 해내

는 든든한 부주방장 쟈미라, 젊은 사람들은 사용법조차 모르는 전통 화덕 위에서 놀이하듯 인제라를 구워 내는 젠니 아주머니, 겨우 열여섯 살이지만 무엇 하나 허투루 만드는 법이 없는 야무진 막내 즈이투까지, 묵묵히 일하는 것 같지만 하나같이 개성이 넘치는 사람들이었다. 나는 그들과 친해지고 싶었고, 인정받고 싶었고, 무엇보다 주방의 일원이 되고 싶었다.

어느 날 점심, 나는 평소와 달리 식당으로 가지 않고, 주방에 자리를 잡았다. 주방 직원들은 외국인 손님이나 봉사자들이 먹을 밥을 식당에 보내고 난 뒤 주방에 쪼그려 앉아 늦은 끼니를 해결하곤 했는데, 그들을 두고 나 혼자 편안한 식당에 앉아 깨끗한 음식을 먹는다는 게 영 불편하던 차였다. 쟈미라는 내가 먹을 만한 음식이 아니라며 손사래를 쳤지만, 남은 반찬을 처리하는 건 한국에서 아르바이트를 할 때부터 익숙한 일이었다. 결국 쟈미라는 깡통 의자를 하나 더 가져와 내 자리를 마련해 주었다.

롯지에서 내가 가장 잘 한 일을 꼽으라면, 주방 직원들과 함께 식사를 하기로 마음먹은 것이었다. 그들이 먹는 밥을 먹고, 그들이 마시는 분나를 함께 나누는 것은 서로 친해질 기회를 갖는 것 이상의 의미가 있었다. 롯지의 주방은 에티오피아의 맛, 에티오피아의 향, 그리고 에티오피아의 노래와 그곳 사람들의 이야기를 오감으로 느낄 수 있는 곳이었다. 누군가 내게 에티오피아는 어떤 나라냐고 묻는다면 나는 인제라의 독특한 식감과 원두를 볶는 고소하고 향긋한 냄새, 그리고 그 맛과 향을 쫓아 삼삼오오 모여들던 사람들의 부산한 움직임을 이야기해 줄 것이다.

한국인에게 밥과 찌개가 그러하듯이, 인제라는 에티오피아 사람들에게 단순히 먹는 것 이상의 의미를 지닌 음식이다. 시큼한 맛이 나는 데다 손으로 먹어야 해서 외국인들이 적응하기 쉽지 않은 음식으로 여겨지기도 하지만, 냉장 시설이 거의 갖춰져 있지 않고 연중 15도 이상을 유지하는 이곳에서는 발효 과정을 거쳐 상할 염려가 없는 인제라야말로 가장 이상적이고 과학적인 주식이다. 화덕이 아니라 기계에다 구운 것들은 지름이 50센티미터가 넘을 정도로 큼지막한데, 그걸 세로로 길게 찢어 돌돌 말아 쟁반에 깔고 그 가운데에 양념이나 고기, 야채로 만든 다른 찬들을 올리면 간단한 식사가 완성된다. 깨끗한 자투리는 모아서 햇빛에 말려 두었다가 양파, 에티오피아의 고춧가루인 미드미따, 기름과 함께 볶으면 '콴타 프르프르'라는 한 끼 든든한 식사가 마련되니, 음식이 남아서 버릴 염려도 없다.

에티오피아 사람들에게 인제라는 저장하기 쉽고 먹기 편한 음식이기도 하지만 '마음'을 전달하는 매개이기도 하다. 에티오피아 사람들이 서로에게 애정을 표현하는 가장 대표적인 방식인 '구르샤Gursha'는 상대방에게 인제라를 먹여 주는 행위를 가리킨다. 2012년, 두 번째로 찾은 에티오피아에서 돌아오는 길에 내 손에는

햇볕에 잘 말린 인제라가 한 박스 가득 담겨 들려 있었다. 한국에서 친하게 지내던 에티오피아 친구의 어머니가 아들에게 전해달라며 바리바리 싸주신 것이었다. 어머니는 테프Teff°로 만든 '진짜' 인제라에 7년 동안 만나지 못한 아들에 대한 그리움과 사랑을 고스란히 담았을 것이다.

롯지의 주방에서 일하는 동안 굳이 설명을 듣지 않아도 인제라의 특별한 의미를 자연스레 알게 되었다. 커다란 인제라 쟁반 위에서 손을 부딪혀 가며, 반찬을 넣어 잘 뭉친 인제라를 서로의 입에 넣어 주다 보면 우리는 함께 일하는 동료에서 밥을 나눠 먹는 '식구'가 되어 있었다. 어쩌면 에티오피아 사람들이 그처럼 끈끈한 공동체 의식을 유지할 수 있는 것도 인제라가 있기에 가능한 일이었는지 모른다.

"은니블라!(Eni bla, 같이 먹자!)"

함께 먹을 때가 가장 맛있다는 인제라는 사람 냄새가 폴폴 나는 에티오피아 문화의 정수였다.

인제라가 에티오피아의 공동체 문화를 상징한다면, 분나는 그 공동체를 더욱 활기차고 유연하게 하는 음악과 같았다. 분나에서는 일상을 함께하는 사람이라면 누구나 공유할 수 있는, 지극히

● 에티오피아 토종 작물인 테프는 에티오피아 사람들에겐 한국인의 쌀과 같은 '국민' 곡물이다. 인제라 말고도 빵을 구울 때도 테프를 밀가루처럼 사용한다.

소박하면서도 살아갈 에너지를 주는 리듬이 흘러나왔다.

해가 뜰 때부터 해가 질 때까지 쉴 새 없이 돌아가는 주방이라도 잠깐의 휴식은 주어졌다. 점심 식사 설거지를 끝내고 저녁 준비에 들어가기 전, 적당한 시간이 되면 누가 모이라고 하지 않아도 다들 주방 앞 작은 마당에 앉아 우리만의 작은 분나 세레모니를 즐기곤 했다.

조금만 몸이 기울어져도 소리가 끊기는 구닥다리 라디오에서 어설프게 녹음된 드라마가 흘러나오는 사이, 몇몇 직원들은 쿠르쿠파*를 만들 모링가 잎을 다듬고, 물에 불린 마늘을 까고, 인제라 담당인 젠니 아주머니는 갈라진 화덕 틈 사이를 소똥을 발라 메운다. 바쁘게 움직이던 손놀림이 그 속도를 늦추는 시간, 우리가 분나를 즐기는 시간이다.

누군가 알아서 뽀얗고 토실한 원두 사이에서 썩은 콩을 골라 내면, 그걸 전해 받은 다음 사람은 넓은 팬을 숯불로 달구어 원두가 기름에 반질반질해질 때까지 볶는다. 커피 볶는 향기가 주변으로 퍼져 나갈 때쯤, 원두는 다시 돌판 위에 올라 다음 타자가 쥔 에티오피아식 맷돌에 곱게 갈리고, 그걸 물과 함께 제베나**에 넣고 끓이면 이윽고 분나가 완성된다.

• 옥수수 전분을 반죽해 동그랗게 굴려 삶은 뒤 모링가 잎과 함께 치대어 먹는 에티오피아 남부 지방의 전통 음식.
•• 에티오피아에서 커피를 끓일 때 쓰는 토기 주전자.

그렇게 정성으로 끓여 낸 분나는 시니(커피 잔)에 가득 담겨 코 가까이 갖다 대기만 해도 그 진한 향이 입안의 침샘을 자극한다. 여기에 갓 튀겨 설탕을 사르륵 뿌린 팝콘, 그리고 동네 남자들에 대한 뒷담화가 빠지면 서운하다. 그렇게 우리는 눈코 뜰 새 없이 바쁜 매일의 삶에서도 우리가 만들어 낼 수 있는 가장 따뜻한 오후를 그려 냈고, 사람들 사이를 가득 채운 커피 향은 서로가 가진 피부색과 국적, 나이, 살아온 환경 따위의 차이를 무색하게 만들었다.

생각해 보면 '나'와 '그들'이 '우리'가 될 수 있었던 건, 매일 함께 먹고 마신 인제라와 분나가 발휘한 마술이었던 것 같다. 물론 어설프게 배운 암하릭도 한몫을 했겠지만, 인제라와 분나를 앞에 두고 사람들과 웃고 떠들다 보면 언어는 사람과 사람이 소통하는 방법 가운데 가장 일차원적인 것이 아닐까 하는 생각이 들 때가 많았다. 열 마디 대화를 나누는 것보다 함께하고 싶다는 진심을 보여 주는 것이야말로 상대방에게 다가가고 싶은 마음을 가장 직접적이고 효과적으로 전달할 수 있는 방법이라는 것을, 그 좁고 낡은 에티오피아의 주방에서 배웠다. 인제라 쟁반이, 시니가 쌓여 갈수록 나는 여행자에서 동료로, 그리고 친구로, 서서히 그들 가운데 스며들었다.

스 무 살 , 흔 들 리 는 청 춘 의 여 행 인 문 학

세 번째 _____
에티오피아 최악의 남자

하이리와 나 I

롯지에서 직원들과 수다를 떨다가 누군가 '에티오피아에서 만나지 말아야 할 남자'라는 주제로 우스갯소리를 한 적이 있다.

"첫째, 짜트* 씹는 남자는 안 돼. 무지 게을러서 도통 일을 안 하거든. 둘째, 운전기사는 '절대' 안 돼. 가는 곳마다 애인을 만들어 놓는다잖아."

'이를 어쩌나! 내가 지금 만나고 있는 남자가 딱 '짜트 씹는 운전기사'인데.'

하이리 세판, 그를 만나는 바람에 나는 아프리카 횡단 여행을 포기하고 에티오피아에만 근 두 달을 눌러 앉았다. 에티오피아에

● Chat. 코카 잎과 같은 마약성 식물로 에티오피아 사람들이 피로와 졸음을 이기기 위해 씹는다. 하지만 중독성과 환각 작용이 있어 최근 정부에서는 짜트를 금지하는 법을 강력히 시행하고 있는데, "기사가 짜트를 씹고 있는 것을 보면 반드시 신고하라"라는 문구를 미니버스에서도 심심치 않게 볼 수 있다.

서 만난 가장 가난한 남자. 하지만 하이리는 내가 에티오피아를 진심으로 마주하고 사랑할 수 있게 만들어 준 사람이기도 하다.

롯지에 가기로 마음먹은 뒤, 일은 일사천리로 진행됐다. 보통 롯지를 찾는 여행자들은 콘소까지 알아서 가야 하지만, 마침 롯지의 사장인 알렉스가 말라리아에 걸려 아디스아바바에 체류 중이었기 때문에 나는 그의 차를 얻어 탈 수 있었다. 처음에는 알렉스가 낫기를 기다렸다가 같이 출발하려고 했지만, 회복의 기미를 보이지 않자 알렉스의 부인 쟈밀라와 두 사람의 딸인 나디, 그리고 나디의 보모인 누리얀과 함께 먼저 콘소로 떠나게 되었다. 아디스아바바에서 콘소까지는 거의 스무 시간이 걸리는 긴 여행길이었다.

사람들은 내게 가장 좋은 자리인 조수석을 양보해 주었다. 운전대는 알렉스의 운전기사 겸 비서로 있던 하이리가 잡았다. 며칠간 내린 비 덕분에 에티오피아에 온 이래 처음으로 신선한 공기를 마실 수 있었다. 차창 밖으로는 싱그러운 초원이 펼쳐졌고, 초원 위의 양떼들은 동화처럼 평화롭고 예뻤다. 그렇게 아름다운 풍경을 바라보며 감상에 젖어 있다가 문득 묵묵히 운전만 하고 있는 하이리가 눈에 들어왔다. 하이리는 시도 때도 없이 도로 위에 나타나는 가축 떼와 자전거, 무단횡단을 하는 사람들을 피하느라 긴장한 기색이 역력했다. 수시로 변하는 땅의 고도에 차를 적응시키느라 기어도 부지런히 움직여야 했다.

'와, 우리 아빠보다 운전을 잘 하는 사람은 처음 봐! 그나저나 너무 힘들겠다.'

그때부터 나도 모르게 자꾸만 하이리에게 눈길이 갔다.

"여기서 잠깐 쉬었다 갈까?"

반나절을 꼬박 달려 도착한 작은 마을에서 쟈밀라가 차를 세웠다. 어느 새 습도 높은 공기 대신 쨍쨍한 햇볕이 젖은 땅을 말리고 있었다. 점점 적도에 가까워지고 있다는 느낌이 들었다. 우리는 오랫동안 험한 길을 달려오느라 엔진이 바짝 달아오른 차의 시동을 끄고 창문을 활짝 열어젖혔다. 쟈밀라는 요기를 할 만한 간식거리를 사러 갔다. 그때였다.

"앗! 안 돼!"

열린 창문으로 손 하나가 불쑥 들어오더니 내 목에 걸려 있던 카메라를 낚아채려고 하고 있었다. 다행히 카메라는 안전했지만, 워낙 긴장을 풀고 있었던 터라 놀란 가슴이 진정이 되지 않았다. 창밖으로는 열서너 살쯤 돼 보이는 남자 아이가 멀리 달아나고 있었다. 하이리가 금세 그의 뒤를 쫓았다.

"하이리! 조심해!"

대낮에 펼쳐진 추격전이었다. 결국 아이를 놓치고 차가 있는 곳으로 돌아오는 하이리의 손에서 붉은 핏방울이 뚝뚝 떨어지고 있었다.

"그 녀석, 칼을 가지고 있더라고."

애초에 카메라를 그렇게 꺼내 놓는 것이 아니었다. 하이리는 "괜찮아. 별 일 아니야" 하며 나를 안심시켰지만, 나 때문에 일어난 일이라는 죄책감을 지울 수 없었다. 사람들에게 물어물어 근처에 있는 보건소에 찾아가 응급처치를 받았는데, 의사도 없는 그곳에서 하이리에게 해 준 것이라고는 지혈도 하지 않은 채로 대충 붕대를 감아 놓은 것뿐이었다. 하이리는 점점 부어오르는 손으로 다시 운전대를 잡았다.

해가 저물 때쯤, 엎친 데 덮친 격으로 하필이면 깊은 산골 마을에서 펑크가 나버렸다. 하이리는 펑크 난 타이어를 고쳐 오기 위해 지나가는 차를 얻어 타고 도시로 떠났다. 차에서 기다리는 우리들은 쪽잠이라도 잘 수 있었지만, 하이리는 밥도 못 먹고, 밤을 꼬박 새운 채 돌아왔다.

"하이리, 그렇게 피곤한 상태로 운전을 하면 위험해. 차라리 어디서 하루 쉬었다가 가자. 잠깐 눈이라도 붙이던지."

"나는 괜찮아. 이미 너무 많이 늦어 버렸는걸. 뒤에 실은 아보카도가 물러 버리기 전에 도착해야 해."

하이리는 짜트를 한 움큼씩 씹으며 팔까지 전해져 오는 통증과 밤샘의 피로를 견뎌 냈다. 미련하게 일만 하는 하이리가 답답하고 안쓰러웠고, 함께 차에 탄 사람들 중 누구도 하이리에게 쉬었다 가라고 말해 주지 않는 것에 화가 나기도 했다. 가장 편한 조수석에 앉았지만 콘소에 가는 내내 가시방석 위에 앉은 느낌이었다.

롯지에 도착한 것은 예정보다 만 하루가 더 지나서였다. 그 사이 하이리의 손은 타이어를 바꾸고, 무거운 짐을 옮기느라 다시 피투성이가 되어 있었다. 보다 못해 그의 손을 덥석 잡아 수돗가로 끌고 갔다.

"안 되겠다. 하이리. 이리로 와."

하이리의 손을 깨끗이 씻기고 한국에서 챙겨 온 구급약을 꺼내 소독한 뒤에 약을 발라 다시 깨끗한 붕대를 감아 주었다. 이제 겨우 스물여섯 해를 살았을 뿐인데, 하이리의 손은 광부로, 자동차 수리공으로 수십 년을 일한 우리 아빠의 손만큼이나 거칠고 단단했다.

그리고 나서는 티차파 할아버지가 정해 준 방으로 들어서자마자 다섯 시간 넘게 쓰러져 잠을 잤다. 알렉스가 시내에서 운영한다는 카페로 저녁을 먹으러 오라는 연락을 받고 찾아가니 하이리는 거기에서도 일을 하고 있었다. 그날 하이리는 자정까지 쉬지 않고 무거운 짐들을 날랐고, 다음 날 새벽 다섯 시에 알렉스를 태우고 오기 위해 다시 아디스아바바로 떠났다. 나는 차에 뭔가 두고 내린 것 같다는 핑계로 롯지의 직원에게 하이리의 전화번호를 알아내 그에게 문자를 보냈다.

"하이리, 아이조 베르타(Ayizoh berta, 힘내!)"

하이리가 떠난 그날부터, 내게도 완전히 새로운 하루가 시작되었다. 롯지의 봉사자로 식당일을 도우면서 에티오피아 요리를 배우고, 이곳 사람들이 일하는 방식을 알아가느라 한동안 정신이 없었다. 그 와중에도 유독 하이리에 대한 생각이 머릿속에서 떠나지 않았다. 처음에는 걱정스럽던 마음이 어느 샌가 궁금한 마음으로 바뀌더니, 그게 다시 보고 싶다는 간절함으로 무르익는 데는 오랜 시간이 필요하지 않았다. 좀처럼 전화가 터지지 않는 콘소에서 그와 통화를 해 보겠다고 안테나가 있는 언덕에 올라가 손을 있는 대로 뻗고 있는 날 보면서 '내가 지금 뭘 하고 있는 거지?' 하는 생각이 들었다.

며칠 뒤 마침내 하이리가 콘소로 돌아왔다. 언제든 마음만 먹으면 볼 수 있는 곳에 그가 있다는 것만으로도 행복한 나날이었다. 언제 떠날지 알 수 없는 뜨내기 여행자인 나에겐 딱 이만큼의 로맨스면 족하다고 생각했다. 어차피 유효기간이 정해진 감정이었으니까. 그런데 내 방 앞에 밤마다 생수병을 가져다 놓는 사람이 하이리라는 사실을 알게 되자 불안한 마음이 들었다. 콘소에서 생활한 지 보름째 되던 날, 결국 올 것이 오고야 말았다.

"민아야, 나는 네가 좋아. 네가 내 손에 붕대를 감아 주었을 때부터 그랬어. 너는 나에 대해 어떻게 생각해?"

저녁을 먹은 뒤에 하이리와 동네를 산책하던 길이었다. 하이리는 조심스럽지만 확신에 찬 어조로 말했다. 갑작스러운 고백에 나는 곧장 뭐라 답을 할 수가 없었다. 떨 듯이 기쁘기도 하고, '아차,

스무 살, 흔들리는 청춘의 여행 인문학

내가 이 사람에게 실수를 했구나' 하는 생각도 들었다.

"하이리, 나도 너를 많이 좋아해. 하지만 너도 알다시피 나는 일
주일 뒤면 떠날 사람이야."

"더 오래 있으면 안 돼?"

나는 최대한 이성적으로 나의 상황을 있는 대로 설명하고 선을
그으려고 했다. 하지만 그때 하이리의 눈을 보고야 말았다. 그 눈
을 보니 내가 하고 있는 현실적인 고민이 너무 덧없이 느껴졌다.

'그래, 까짓것, 한 번 해 보자!'

나는 대답 대신 하이리를 꼭 안아 주었고 하이리는 답례를 하
듯 내 이마에 입을 맞췄다. 그날 밤, 땅과 하늘이 뒤집힌 듯한 몽
롱한 느낌에 밤새 잠이 들지 못했다. 그렇게 우리는 연인이 되었다.

롯지의 사장인 알렉스가 직원들이 롯지를 찾는 외국인 손님과
연애하는 것을 엄격하게 금지하고 있었기 때문에 우리의 데이트는
늘 007작전을 방불케 했다. 보통은 둘 다 일이 끝나는 저녁 아홉
시 즈음에 각자 롯지를 빠져나와 약속한 장소에서 만났다. 전기가
들어오지 않아 암흑에 휩싸인 콘소의 마을 어귀를 산책하다 보면
늘 귀뚜라미와 개구리의 울음소리, 그리고 들풀들이 서로 몸을 부
대끼며 내는 소리를 들을 수 있었다. 적막하고 고요한 밤에만 느
낄 수 있는 소리였다. 하이리의 손을 잡고 걷고 있자면, 가로등 하
나 없는 열악하고 어두운 산책길조차 신비롭고, 낭만적으로 느껴

졌다. 어느 날은 하이리가 높이 솟은 수수밭 한가운데에 서 있는 아름드리나무 아래로 나를 데려갔다. 꼿꼿이 선 풀을 손으로 일일이 눌러 내가 앉을 자리를 만들어 주고는 옆에서 풀피리로 노래를 들려주었다. 어릴 적에 좋아하던 〈개구리 왕눈이〉의 한 장면 같았다. 에티오피아 출신의 왕눈이와 한국에서 온 아로미라니…… . 나는 우리가 세상에서 가장 귀엽고, 예쁜 연인일 거라고 생각했다.

나는 암하릭이 서툴고, 하이리는 암하릭밖에 하질 못하니 서로가 영어로 떠듬떠듬 말하는 수준이었지만 우리의 대화는 끊기는 법이 없었다. 나는 하이리에 대해 궁금한 것이 많았다. 그가 어떤 곳에서 태어나 어떤 곳에서 자랐는지, 형제는 몇 명인지, 운전은 어떻게 배우게 됐는지…… . 그때마다 하이리는 자신이 아는 모든 영어 단어들을 동원해 그간의 삶을 내게 들려주었다.

"우리 가족은 일곱 명이야. 어머니, 아버지, 남동생 세 명, 그리고 막내인 여동생이 있어. 여동생은 이제 열여섯 살이야."

하이리는 구라게Gurage 지역에 있는 쓸떼Silt'e라는 작은 시골 마을에서 태어나 자랐다. 아버지가 공사현장에서 일을 하다 추락 사고를 당했는데, 그 바람에 당시 중학생이던 하이리는 장남이라는 이유로 학업을 포기하고 아디스아바바로 나가 돈을 벌기 시작했단다.

"그럼 그 뒤로 학교는 안 다닌 거야?"

"야학교에 몇 년 다녔어. 그러다 둘째 동생 하시크가 아디스아바바로 오면서 동생 학비를 대느라 포기했지. 그래도 미니버스 차장으로 시작해 운전기사까지 됐어."

하이리는 결코 자신의 처지를 비관하거나 가족들을 원망하지 않았다. 오히려 자신이 살아온 삶을 자랑스러워하는 것 같았다. 운전기사가 사회적으로 존경받는 직업은 아니지만 그래도 그 일은 에티오피아에서 가방끈 짧은 사람이 가장 큰돈을 벌 수 있는 직업 가운데 하나였다. 그때 에티오피아 국립대학교에서 강사로 일하던 친구가 한 달에 2,500버르를 벌고 있었는데, 중학교도 못 마친 하이리도 비슷한 돈을 벌었으니 말이다.

"그런데 어떻게 이 먼 콘소까지 와서 일을 하게 됐어?"

"알렉스의 아내인 쟈밀라가 내 어릴 적 동네 친구였어. 쟈밀라가 먼저 롯지의 주방에서 일을 하다가 알렉스와 결혼을 하게 됐고, 알렉스가 기사가 필요하다고 하니 나를 추천해 준 거지."

나는 그 말을 듣고 조금 놀랐다. 하이리가 운전하는 차를 타고 처음 콘소에 올 때, 쟈밀라는 눈에 거슬릴 정도로 하이리에게 주인 행세를 하며 까다롭게 굴었기 때문이다. 하이리가 손을 다치고 타이어에 펑크가 나 밤을 꼴딱 새운 뒤에 다시 운전대를 잡았을 때도 내내 빨리 가야 한다고 독촉만 해대던 그녀였다.

나는 하이리에게 행복하냐고 묻고 싶었다. 차라리 아디스아바바에서 미니버스를 몰던 시절로 돌아가고 싶지는 않은지, 가족들이 그립지는 않은지. 하지만 지난 얘기를 꺼냈다가 하이리의 마음만 아프게 할까 봐 목까지 차오른 궁금증을 꾹 눌러 참았다. 하이리를 알면 알수록 하이리가 짊어진 삶의 무게가 생생하게 다가왔다. 구멍이 뻥 뚫린 그의 신발과, 깡마른 몸에 어정쩡하게 걸쳐져 있는 티셔츠를 볼 때마다 나는 그것들이 내 사랑을 동정으로 바꾸어 버릴까 봐 두려웠다.

콘소 사람은
콘소 방식으로 산다 I

롯지가 위치한 콘소 지역은 2011년에 〈유네스코〉 세계문화유산으로 선정되었을 정도로 많은 이야기를 담고 있는 곳이다. 내가 콘소에 머무는 동안 〈유네스코〉 위원들이 후보지 조사를 위해 현장 시찰을 나온 적이 있었는데, 그때 알렉스가 자문위원으로 일한 덕분에 그를 따라 시내에서 열린 심포지엄에 참석할 수 있었다. 그곳에서 나는 롯지에만 머물렀다면 미처 알지 못하고 지나쳤을 콘소의 진짜 매력에 눈을 뜨게 되었다.

〈유네스코〉는 특히 콘소 사람들의 농경 방식에 감탄했다. 콘소 사람들은 땅을 맨손으로 일일이 다진 뒤에 돌을 둘러 만든 테라스식 밭에다 농사를 짓는다. 그리고 높은 지대에는 키가 큰 나무를 심어 거기서 뻗어져 나온 뿌리가 수도관 없이도 빗물을 아래로 전달할 수 있게 하고, 낮은 지대에는 남부 지역에서만 자라는 모링가 Moringa 나무를 심어 그렇게 내려온 수분을 저장하게 한다. 모링가 나무는 농부들이 키우는 가축에게 요긴한 식량이기도 하다. 밭을 두르고 있는 바위들은 우기 동안에는 밭이 무너져 내리지 않도록 지켜 주는 지지대 역할을 하고, 해가 나면 틈 사이로 햇빛을 빨아들여 진흙이 되어 버린 땅을 다시 말린다. 콘소의 농경 방식에는 자연을 지배하기보다 자연의 흐름에 몸을 맡기며 살아가는 사람들의 지혜가 숨어 있다. 그 가운데 땅도, 나무도, 동물도, 사람도 어느 하나 다치는 법 없이 평화롭게 공존한다.

콘소의 특산물인 모링가는 만지면 손이 찐득찐득해지고, 고소한 향을 풍기는 둥근 잎을 가진 식물이다. 콘소를 비롯한 에티오피아 남부와 케냐 북부 부족민들은 옥수수 전분을 반죽해 만든 경단을 물에 삶아 건진 뒤에, 모링가 잎과 함께 볶아 주식처럼 먹는다. 그것이 내가 롯지에서 일주일에 서너 번씩 만들었던 '쿠르쿠파Qurqufa'라는 음식이다.

콘소 사람들 말에 따르면 모링가는 '신의 식물'이라고 한다. 잎은 말라리아와 고혈압, 천식의 치료제, 그리고 진통제로 쓰이고, 뿌리는 상처를 낫게 하거나 임신한 가축의 태반 유착을 방지하기 위해 쓰인단다. 가장 신기했던 것은 모링가 뿌리가 물을 정화하는 데도 효과적이라는 것이었다. 최근 들어 모링가로 만든 화장품이나 영양제가 눈에 띄는 걸 보면, 이미 수백 년 전부터 그 효능을 알아본 콘소 사람들의 지혜가 놀라울 뿐이다. 민아

네 번째 ____
두 달의 만남, 2년의 이별

하이리와 나 II

   함께하는 시간이 길어지면서 하이리와 나는 여느 연인들처럼 종종 다투곤 했다. 연애 초기에는 그다지 문제되지 않았던 것들이 조금씩 쌓여 어느 순간 폭탄처럼 '쾅!' 하고 터져 나오기 일쑤였다. 그때마다 화를 내는 건 나였고, 하이리는 늘 침착하고 온화했다. 때로는 그게 나를 더 화나게 만들기도 했다는 걸, 하이리는 아마 끝까지 몰랐을 것이다.

   "하이리! 너는 왜 늘 네 멋대로야? 같이 다닐 땐 내게 어딜 가는지, 누구를 만날 건지 정도는 미리 얘기해 줄 수 없어? 너는 왜 나를 존중해 주지 않아?"

   내 불만의 대부분은 도통 '계획'이라는 게 없는 데이트에서 비롯되었다. 말도 잘 통하지 않고 현지 사정에 어두운 나는 하이리가 이끄는 대로 따라다닐 수밖에 없었는데, 모든 게 즉흥적으로 결정되는 하이리식 데이트에 지쳐 갔다.

"적어도 우리가 만날 시간이랑 장소는 미리 정해 놓자. 응?"

몇 번을 말했지만 소용이 없었다. 하이리는 매번 짧으면 30분, 길게는 두세 시간 나를 기다리게 했다. 결국 아디스아바바 한복판에서 펑펑 울며 그간의 서운함을 쏟아 냈다. 그런데 하이리의 말은 나를 당황하게 했다.

"민아, 나는 솔직히 네가 왜 그렇게 화를 내는지 모르겠어. 어째서 그런 걸로 내가 너를 존중하지 않는다고 생각하는 거야? 그게 그렇게 중요해?"

최소한 미안한 마음을 갖거나 고쳐 보려고 노력하겠다는 대답을 할 줄 알았는데, 하이리는 도리어 나를 이상한 사람 취급했다.

'뭐 이런 사람이 다 있어? 그렇게 계획 없이 살면 넌 평생 가난할 거야! 네 나쁜 습관을 그런 식으로 정당화하지 마!'

속으로 이런 생각을 하고 있을 때, 하이리가 내게 말했다.

"시간은 자연과 신이 만들어 주신 거야. 기계가 가리키는 시간에 맞춰 사는 건 너무 바보 같지 않아? 너랑 내가 서로 보고 싶을 때 만나면 되는 거지, 뭐가 그렇게 문제야?"

이 무슨 개똥철학이란 말인가! 남자친구에게 투정 한 번 부렸다가 서양 문명에 갇혀 사는 한심한 인간이 되어 버리다니.

하이리와 나 사이에 좁혀질 수 없는 차이를 확인하는 일은 언제나 힘들었지만 그 차이가 우리에게(적어도 나에게) 상처만 남긴 것은 아니었다. 하이리 덕분에 나는 더 흥미롭고, 더 특별한 에티오피아를 만날 수 있었기 때문이다.

비자를 연장하기 위해 아디스아바바에 머무는 동안, 하이리는 여자 친구가 생겼다는 걸 자랑하고 싶었는지 나를 쉴 틈 없이 이리저리 데리고 다니며 친구와 친척 들에게 인사를 시켰다. 그들 대부분은 아디스아바바에서도 가장 복잡하고, 시끄럽고, '꼬샤샤(qoshäshä. 암하릭으로 '더러운'이라는 뜻이다)'하기로 유명한 마르카토Merkato나 그 옆의 사바텡야Säbatänya에 살고 있었다. 시골에서 올라온 가난한 이들이 철판을 얼기설기 덧대어 튼 둥지들이 빼곡히 모여 있는 그 동네는 에티오피아 사람들조차 배운 것 없고, 몸 쓰는 일을 하는 사람들이 모여 사는 곳이라고 무시하는 동네였다. 내가 마르카토에 간다고 하니 깜짝 놀라며 손버릇 나쁜 사람들이 많으니 조심하라고 신신당부하던 친구도 있었다.

하지만 아디스아바바에서 가장 좋았던 시간을 꼽으라면 나는 망설이지 않고 마르카토와 사바텡야를 떠올릴 것이다. 하루는 밤 열 시가 넘은 늦은 시간에 마르카토에서 일하는 하이리의 친구 세 명이 모여 사는 집에 놀러간 적이 있다. 마을 입구에서부터 족히 20분은 걸어 들어가야 하는, 한눈에 봐도 가난한, 판자촌 같은 동네였다. 우리가 도착하자마자 한 친구가 헐레벌떡 밖으로 나가더니 달걀 두 개를 손에 쥐고 돌아왔다. 그러고는 방 한 편에서 숯불을 피워 만든 달걀프라이에 빵과 샤이를 함께 내어 왔다. 저녁을

먹었다고 한사코 사양을 하니 친구들은 손님 대접이 부실해서 그런 줄 알고는 미안함에 얼굴을 붉혔다. 그 때문에 부른 뱃속에 억지로 집어넣긴 했지만 그날의 달걀 샌드위치와 샤이는 내가 기억하는 가장 따뜻한 환대이자 최고의 저녁식사로 남았다.

어느 날은 하이리의 동생 하시크가 살고 있는 사바텡야에서 시간을 보내고 있는데, 같은 동네에 사는 미키야스 아저씨가 막내아들 생일잔치에 나를 초대했다. 잔치는 아저씨네 가족이 다니는 작은 교회에서 열렸는데, 여섯 살짜리 꼬마의 생일잔치에 그렇게 많은 사람들이 올 줄은 상상도 못했다. 잔치에 초대를 받은 사람들 중에는 가까운 지인들도 있었지만 나처럼 생면부지의 여행객, 심지어 길에서 구걸하는 아이들도 있었다. 아저씨는 사람들에게 베푼 만큼 당신 자식이 축복을 받는 거라고 말했다. 그날 저녁, 아저씨는 낮에 열린 파티에 오지 못한 마을 어른들까지 초대해 기어이 식사를 대접했다. 에티오피아에서도 가장 천대받고 가난한 사람들이 모여 사는 곳, 마르카토와 사바텡야에는 보잘 것 없는 것으로도 삶을 반짝이게 만들 줄 아는 지혜로운 사람들이 살고 있었다.

하이리는 자기 가족을 가리켜 집안에 오렌지 한 알만 있어도 주변 사람들은 죄다 불러 나눠 먹어야 직성이 풀리는 사람들이라고 했는데, 내가 보기엔 하이리 자신도 만만치 않았다. 한번은 산책을 하다가 어린 남매가 옥수수 바구니를 들고 쩔쩔매는 걸 보더니 아이들에게 가서 어깨끈을 키에 맞게 줄여 주고, 어떻게 메야 덜 힘든지 시범까지 보였다. 그러고는 첫 손님을 빨리 만나야 그날 장사가 잘 된다며 옥수수 두 개를 사 주고 나서야 아이들을 보냈다. 또 어느 날은 식당에서 밥을 먹다 말고 무거운 짐을 옮기던 여자 직원을 도와주는 바람에 내 질투를 산 적도 있다. 나는 그런 하이리를 '슈퍼 오지랖'이라면서 놀렸지만 하이리의 벽 없는 세상이 부럽기도 했다. 고작해야 두 달, 서로를 완전히 이해하기엔 터무니없이 짧은 시간이었지만, 하이리의 눈높이에 맞추어 세상을 바라보는 연습을 하며 나는 에티오피아와 에티오피아 사람들을 더욱 사랑하게 되었다.

우리의 관계가 무르익는 시간만큼, 우리가 헤어져야 할 시간도 코앞으로 다가오고 있었다. 당시 하이리는 일주일에 두세 번씩 콘소와 아디스아바바를 오가며 롯지를 찾는 여행객들을 실어 날랐다. 비포장도로를 하루에 열 시간 이상 운전해야 하는 강행군이었다. 그렇게 하루를 달린 날에는 녹초가 되어 돌아오곤 했다.

그맘때쯤 나는 서서히 롯지 생활에 염증과 피로를 느끼고 있었다. 롯지의 사장인 알렉스가 '공정 여행'이라는 상표를 파는 장사꾼에 지나지 않는다는 사실을 깨닫게 되었기 때문이다. 알렉스가 하이리를 비롯한 롯지의 직원들을 착취하고, 부당하게 대우하는 것을 지켜보면서 더 이상은 롯지에 머물 수 없다는 판단을 내렸다.

나는 하이리에게도 함께 롯지를 떠나자고, 이곳에서 일하다간 몸만 상할 거라고 설득했지만, 하이리는 생각해 보겠다고만 답할 뿐, 쉽게 결정을 내리지 못했다.

그러던 중에 하이리가 사고를 쳤다. 아디스아바바를 가는 길에 졸음운전을 해 지나가던 아이를 보지 못한 것이다. 다행히 아이는 경미한 부상을 입었지만, 아이의 부모님은 조수석에 타고 있던 외국인 알렉스를 보고는 우리 돈으로 약 30만 원가량의 합의금을 요구했다. 당시에 알렉스는 부모님을 보러 가기 위해 쟈밀라와 나디를 데리고 아일랜드 대사관에 가는 길이었다. 예정된 비자 인터뷰를 위해 그들은 곧장 다른 버스를 타고 아디스아바바로 떠났고, 합의금을 낼 여력이 없는 하이리만 3일 간을 꼼짝없이 유치장에 갇혀 있어야 했다. 사고가 난 저녁에야 그 소식을 들은 나는 어찌할 줄을 몰라 함께 있던 다른 봉사자를 붙잡고 펑펑 울었다.

하이리가 돌아온 것은 나흘 뒤였다. 알렉스가 합의금을 대신 내주었다고 했다. 30만 원이면 알렉스에게 큰돈도 아니고, 무엇보다 그가 하이리를 그렇게 부려 먹지 않았다면 사고가 날 리도 없었을 테니 당연하다고 생각했다. 유치장에 있는 동안 밥 한 끼 제대로 먹지 못해 만신창이가 된 몸으로 돌아온 하이리는 바보같이 오자마자 다시 운전대를 잡았다. 그 모습이 답답해 나는 또 하이리에게 화를 내고 말았다.

"하이리. 네가 얼마나 미련한지 알기나 해? 넌 알렉스한테 이용만 당하고 있는 거야!"

밤늦은 시간, 피로에 절어 숙소로 돌아온 하이리에게 속에 담아 두었던 말을 토하듯 내뱉었다. 하이리는 평소처럼 아무런 대꾸도 하지 않았다. 나는 속상한 마음에 곧장 방으로 돌아와 버렸다. 그리고 새벽 두 시쯤 그가 내 방문을 두드렸다.

"민아야, 우리 산책 갈래?"

그날 나는 알렉스가 냈다는 합의금이 그냥 준 것이 아니라 사실은 '빌려 준' 돈이었다는 것을 알게 되었다. 심지어 이자까지 붙여서 말이다. 하이리는 그 돈을 갚을 때까지는 롯지를 떠날 수 없다고 했다. 나는 아무 말도 할 수가 없었다.

결국 나는 혼자 콘소를 떠났고, 출국 전까지 아디스아바바에 머물기로 했다. 하이리와는 그가 아디스아바바에 올 때마다 가끔씩 얼굴을 보는 정도였다. 어느 날 우리는 큰맘 먹고 영화를 보기로 했다. 두 사람 다 그날이 마치 우리의 첫 데이트라도 되는 것마냥 철없이 들떠 있었다. 그런데 막상 영화관에 가니 영화 시간도 맞지 않고, 딱히 볼 만한 것도 없어 그냥 발길을 돌렸다. 숙소로 돌아가는 길에 무지막지한 소나기를 만났다. 급한 대로 가까운 카페로 몸을 피했고, 샤이 두 잔을 주문했다. 비는 그칠 기미가 보이질 않았다. 손님이 점점 몰려드는데 자리를 차지하고 있는 것이 무안해 나는 프렌치프라이를 더 주문했다. 하지만 하이리는 어쩐 일인지 샤이도, 프렌치프라이도 입에 대질 않았다. 하이리는 내내 침묵만 지키

다가 우리가 자리에서 일어나야 할 때쯤 어렵게 입을 뗐다.

"민아야, 항상 기다리게 해서 미안해. 다음에 오면 널 기다리게 하는 일 없을 거야. 좋은 곳도 많이 데려갈게. 고향에 가서 우리 가족들도 만나자. 어쩌면 우리 남아프리카공화국에 가서 살 수 있지 않을까? 거기에는 좋은 대학도 많대. 내가 열심히 돈 벌어서 민아 네가 하고 싶은 공부만 할 수 있게 도울게. 넌 일 같은 거 하지 않아도 돼."

하이리는 자기 속에 있는 이야기를 좀처럼 털어놓지 않는 사람이었기 때문에 나는 하이리가 우리의 장래까지 생각하며 나를 만나고 있으리라고는 예상하지 못했다. 하지만 그런 하이리에게 나는 어떤 희망적인 말도 해 줄 수가 없었다. 결혼이라니! 스물한 살의 나에게는 생각하기에도 벅찬, 너무나 먼 미래의 일이었다.

비행기를 타기 하루 전 날, 하이리에게서 전화가 왔다.

"민아야. 나 네가 말한 대로 롯지 일을 그만 두기로 했어. 조금만 기다려. 네가 있는 곳으로 가는 중이야."

그리움과 고마움, 막막함과 미안함이 마구 뒤섞인 복잡한 심정으로 하이리가 내릴 버스 정류장에서 그를 기다렸다. 그리고 하이리가 버스에서 내리자마자 곧장 손을 붙잡고는 피시방에 가서 새 이력서를 만들고, 만료된 운전면허증을 갱신해 여기저기 일자리를 알아보러 다녔다. 마지막에는 내 수중에 남아 있던 돈을 탈탈 털어 그의 손에 쥐어 주며 각서를 썼다.

"하이리, 약속해 줘. 새 일자리를 찾을 때까지 이 돈을 생활비로 쓰는 대신에 절반으로는 야학교와 영어 학원에 등록해서 공부를 하겠다고. 네가 새 일자리를 얻으면 그때는 네 돈으로 계속 공부해."

그렇게 나는 하이리와 에티오피아를 떠났다. 한국에 돌아와서도 하이리와 나는 이메일과 전화로 간간히 서로의 안부를 주고받았다. 하이리는 아디스아바바에서 미니버스를 운전하기 시작했고, 나와 약속한 대로 학원에도 잘 다니고 있다고 했다. 그동안 나는 한국에서 만난 에티오피아 친구들의 도움으로 암하릭을 배우고, 인류학과에 편입해 정말로 원하는 공부를 시작했다.

그렇게 2년의 시간이 훌쩍 지났다. 2012년 여름, 나는 다시 에티오피아행 비행기를 탔다. 우리가 함께 영화를 보려다 실패했던 볼레의 뎀벨시티센터 앞에서 하이리와 만나기로 했다. 내가 중간에 휴대폰을 도둑맞는 바람에 하이리는 온 동네를 다 뒤지며 날 찾아다녔다. 멀리서 뛰어오는 하이리를 보는 순간, 나도 모르게 눈물을 왈칵 쏟을 뻔했다. 예전보다 더 수척해진 얼굴이었다. 우리는 근처 카페로 자리를 옮겼다. 나는 카푸치노를 주문했고, 무슬림인 그는 라마단 기간이라며 물도 마시지 않았다.

"민아. 쓸떼에 가서 우리 부모님께 인사드리자. 그리고 결혼은 네가 졸업한 뒤에 해도 상관없어."

사실 나는 그동안 하이리가 내게 거짓말을 해 왔다는 걸 알고 있었다. 알렉스의 롯지 홈페이지에서 하이리의 사진을 발견했던 것이다. 아디스아바바에서 일을 하며 영어학원에 다니고 있다던 말과 달리, 하이리는 다시 콘소로 돌아가 알렉스 밑에서 일을 하고 있었다. 나는 생각보다 그 사실을 담담하게 받아들였다. 함께 붙어 있을 때는 몰랐던, 우리 둘 사이의 좁혀질 수 없는 거리를 받아들이게 된 것이다. 가장 중요한 건 여전히 하이리가 그립고, 보고 싶기는 해도, 그를 이전처럼 사랑하지는 않는다는 사실이었다.

　"하이리. 내게는 하고 싶은 일들이 너무 많아. 아직은 너뿐 아니라 그 누구와도 결혼할 생각이 없어. 지금 학교를 마치면 곧장 대학원에 갈 생각이야."

　나는 일부러 '우리'의 계획을 이야기하는 하이리의 입을 막고, '나'의 계획만 늘어놓았다. 하이리는 그런 내 마음을 아는지 모르는지, 끝까지 꼭 붙잡은 내 손을 놓지 않았다. 2년 전, 우리가 함께 맞춘 반지를 여전히 손에 끼고 있는 하이리의 손이 내 마음을 불편하게 했다.

　헤어져야 하는 시간이 되었을 때, 하이리는 결국 울음을 터뜨리고 말았다. 2012년 8월 5일, 에티오피아 국가대표 선수의 올림픽 금메달 소식에 온통 축제 분위기이던 그 광장에서 하이리와 나는 우리의 진짜 마지막을 힘겹게 받아들이고 있었다.

콘소 사람은
콘소 방식으로 산다 II

에티오피아 국민 대다수는 에티오피아 정교회나 이슬람을 종교로 삼지만 콘소 부족은 부족사회에 전해 내려오는 토착 신앙에 여전히 깊은 뿌리를 내리고 살아간다. 각 씨족마다 섬기는 조상신은 다르지만 사후 세계와 환생을 믿는다는 공통점이 있다. 콘소에서 태어나고 자란 구테마가 콘소 부족의 신앙에 대해 무척 흥미로운 얘기를 들려준 적이 있다.

"오늘처럼 뭉게구름이 하늘에 가득하고, 유독 바람이 부는 날이면 콘소 사람들은 땅에 묻혀 있던 죽은 자들의 영혼이 날씨의 힘을 빌려 와콰(Wa'qha, 천국)로 간다고 믿어. 그렇다고 모두가 천국으로 갈 수 있는 건 아니야. 성실하게 농사를 지어 풍년을 이룬 사람은 다시 태어나 행복한 삶을 누릴 수 있지만 생전에 도둑질을 했거나, 농사일에 게을렀던 사람은 완전히 죽지도 못하고, 환생도 못한 채로 계속 살아가야 해."

그만큼 콘소 사람들에게는 농작물을 기르고, 가축을 늘리고, 풍년을 이루는 일이 다른 무엇보다 중요하다는 말이다.

토착 신앙에 대한 콘소 부족의 믿음을 가장 잘 보여 주는 것으로 '와카Wa'ka 의례'를 꼽을 수 있다. 와카 의례는 원래 부족장이나 부족의 평화를 지킨 용맹한 영웅을 숭배하기 위한 전통 의례였다. 콘소 부족어로 '영웅'을 뜻하는 와카는 사람 모양으로 조각한 뒤에, 돌을 갈아 만든 붉은 염료인 '타발라'로 칠을 하고, 눈은 소뿔(과거엔 타조알로 만들었다고 한다)로 만든다. 와카상의 앞면에는 와카가 사냥한 동물들이 새겨진다. 와카상에서 가장 흥미로운 것은 이마에 붙은 발기한 남성의 성기 모양이다. 발기한 남성의 성기는 콘소에서 '남성의 용맹함'을 상징한다.

와카 의례는 마을의 중심이 되는 길이나 와카의 집 마당에서 치러진다. 한가운데에는 와카상이, 그 곁에는 장신구를 두른 어여쁜 아내들(실제 조각은 상당히 못생겼지만)이, 가장 끝에는 그가 죽인 적의 조각상이 나란히 자리한다. 그리고 와카상 앞에는 와카가 소유한 땅의 면적만큼 자갈들이 놓인다.

하지만 오늘날에는 이와 같은 와카 의례를 실제로 보기 힘들다. 에티오피아 정부가 기후변화와 밀렵으로 급격히 줄어드는 야생동물을 보호하기 위해 사냥을 금지했고, 무엇보다 점차 부족사회가 해체되고 있기 때문이다.

"이제는 새 와카상이 만들어지는 일은 거의 없어. 특별한 날에 와카상 앞에 모여 염소나 소를 잡아 축제를 벌이는 정도지."

구테마의 설명이다.

시내에 있는 〈콘소 와카 박물관〉에 갔을 때 나는 처음으로 와카상의 실물을 보았다. 그때 동행했던 현지인 친구들이 내게 "너저기 튀어나온 게 뭔 줄 알아?"라고 묻고선 자기들끼리 키득거렸는데, 스물한 살의 나는 당시 그 웃음의 의미를 눈치채지 못했다. 나중에야 그것이 남자의 성기 모양이라는 것을 알고는 괜히 부끄러웠던 기억이 난다.

한때 와카상을 곁에 두고 자면 정력이 극대화된다는 이상한 소문이 돌아 콘소 남자들이 와카상을 훔쳐가는 일도 있었단다. 최근에는 외국인들이 와카상을 자기네 나라에 몰래 가지고 가 이국적인 장식품으로 판매하는 몹쓸 일도 부쩍 늘고 있다.

콘소는 에티오피아 안에 있는 작은 시골 마을에 불과하지만, 에티오피아 주류 사회와는 다른 고유한 질서와 독자적인 문화를 간직한 독특한 곳이다. 콘소만의 생활양식, 언어, 세계관, 그리고 전통적인 종교를 지키며 살아가는 콘센야(콘소 부족민)들은 충분히 행복해 보였다. 풍부한 자연과 문화유산을 간직한 그곳이 여행자의 섣부른 호기심이나 정부의 무분별한 동화정책에 상처받는 땅이 되지 않길 바랄 뿐이다. 민아

스무 살, 흔들리는 청춘의 여행 인문학

다섯 번째 _____
공정하지 않은 공정 여행

스트로베리필드
에코롯지

"전부 모여! 집합!"

아침 식사를 준비하러 주방으로 내려가는 길에 잔뜩 성이 난 목소리가 롯지 안에 쩌렁쩌렁 울려 퍼졌다. 알렉스였다.

'오늘은 아침부터 시작이군.'

나는 알렉스와 마주치고 싶지 않아 귀를 틀어막은 채 일부러 길을 돌아 주방으로 향했다.

콘소로 떠나기 전 찾아본 〈스트로베리필드 에코롯지〉의 홈페이지에는 이렇게 쓰여 있었다.

우리 〈스트로베리필드 에코롯지〉는 현지인들을 위한 일자리를 창출하고, 자연을 해치는 것이 아니라 공존하는 법을 터득해 가는 것이 목적인 공정 여행 숙소입니다.

하지만, 롯지에 머문 두 달 동안 목격한 것은 유감스럽게도 인간에 대한 모욕과 폭력, 그리고 착취였다. 알렉스는 공정 여행이라는 예쁜 간판이 달린 왕국의 포악한 군주에 불과했다.

롯지에 도착해서 며칠은 알렉스가 말하는 공정함이 곳곳에 잘 배어 있다고 착각하며 지냈다. 데브라제이트에서 묵었던 호텔과 달리 여행자와 직원 들이 아무 때고 허물없이 이야기를 나눌 수 있었고, 원한다면 그들과 함께 먹고 자는 것도 전혀 문제가 되지 않았기 때문이다. 롯지가 위치한 콘소 또한 '자연과의 공존'을 말하기에 더없이 어울리는 곳이었다. 콘소의 땅은 수백 년 동안 콘소 토착민인 콘센야Konsenya들이 직접 고안해 낸 나름의 방식으로 경작되고 있었는데, 거기에 담긴 지혜는 놀랍도록 견고하고 자연 친화적이었다. 롯지의 민낯이 드러나기 전까지만 해도, 내게 롯지는 여행자와 직원, 토착민 모두에게 이상적인 공간이었다.

마사라트, 다윗, 히욧, 야리드, 베이비, 월끼, 알미티, 카티야, 쟈미라, 짜하이. 이 이름들은 내가 머문 두 달 동안 해고되거나 사표를 쓰고 롯지를 떠난 직원들이다. 열 명 가운데 알렉스가 직접 해고한 사람이 무려 아홉 명이었고, 이들이 떠나간 빈자리는 다음 날이면 알렉스가 고용한 다른 사람으로 곧장 채워졌다. 알렉스는 일단 화가 났다 하면 그의 아내조차 말리기를 포기할 정도로 반미치광이가 되었고, 시간이 갈수록 화를 내는 빈도도 점점 더 잦아졌다.

롯지에서 가장 먼저 해고된 사람은 마사라트라는 여자아이였다. 식당에서 웨이트리스로 일하던 마사라트는 밤마다 일부러 시간을 내어 내게 암하력을 가르쳐 주던, 유일한 나의 동갑내기 친구였다. 마사라트는 본래 에리트레아 사람인데 에티오피아와 에리트레아 간에 전쟁이 터지면서 가족들과 함께 아디스아바바로 피난을 왔다고 했다. 아버지는 수용소에서 풀려나 가족들의 품으로 돌아오긴 했지만, 수용소에서 당한 모진 고문 탓에 곧 세상을 등지고 말았다.

"택시 안에서 지금의 남자 친구를 만났는데, 그 사람은 지금 에티오피아 항공에서 일하고 있어. 그에 비하면 내가 너무 초라하다는 생각이 들어. 여기에서 경력을 쌓으면 아디스아바바로 돌아가서 힐튼이나 쉐라톤 같은 좋은 호텔에 취직할 거야."

알렉스는 어느 날 마사라트를 부르더니 "얼굴이 예쁜 사람이 식당에 있어야 매출이 오른다"며 그 자리에서 마사라트를 해고했다. 함께 일한 사람들에게 제대로 작별 인사를 할 기회조차 주지 않았다. 프랑스에서 온 데이빗은 자초지종을 알고는 알렉스에게 욕을 퍼부으며 그날 바로 짐을 싸서 롯지를 나갔다. 나도 그런 알렉스가 역겨웠지만 하이리 때문에 롯지를 떠날 순 없었다.

해고 소식을 들은 바로 그날, 마사라트가 머물고 있다는 호텔을 찾았다. 떠나기 전 마사라트와 가장 친했던 마르쉣이 마사라트가

놓고 간 거라며 내 손에 봉지 하나를 쥐어 줬다. 그 안에는 덜 마른 옷가지와 아보카도 세 개가 들어 있었다. 자기 물건을 다 챙길 겨를도 없이 쫓겨나듯 떠났을 마사라트의 모습이 떠올라 착잡했다. 호텔에서 만난 마사라트는 생각보다 담담해 보였다. 하지만 4개월도 안 돼 집으로 돌아가는 장녀의 마음이 결코 편했을 리 없다.

옥스퍼드 대학을 나온 아일랜드 출신의 젊은이가 있었다. 그는 졸업 후 이집트에서 남아프리카공화국까지 아프리카를 횡단하는 여행을 했는데, 그 수많은 여행지 가운데서도 유독 콘소라는 작은 마을을 잊지 못했다. 그로부터 3년 뒤, 그는 부모님의 투자를 받아 콘소에 여행자들을 위한 숙소를 세웠다. 그동안 무슬림으로 개종도 하고, 현지인과 의사소통을 하는 데 문제가 없을 정도로 암하릭을 익혔다. 현지인 직원들도 많이 채용했는데, 그중 한 사람과는 사랑에 빠져 결혼을 하고, 아이도 낳았다.

이것이 『론리 플래닛』이나 다른 매체들에서 소개하는 '알렉스'라는 인물이다. 그들의 설명이 틀린 것은 아니다. 그저 과거의 알렉스와 현재의 알렉스가 전혀 동일한 사람으로 생각되지 않는다는 것이 문제일 뿐이다.

알렉스의 행동 중에서 가장 참을 수 없었던 것은 콘센야들을 대하는 방식에 있었다. 알렉스는 암하릭 대신 부족어를 사용하는데다 영어를 할 줄 모르는 콘센야들에게 유독 거칠고 무례하게 굴었다. 롯지 직원들은 한 달에 많게는 14만 원에서 적게는 2만 원을 받았는데, 노동 강도나 노동시간을 반영한 것이라기보다는 출신에 따른 차등 지급이었다. 콘센야들은 가장 힘든 일들을 도맡아 하면서 가장 적은 돈을 받았다. 알렉스가 콘센야들을 대하는 걸 볼 때마다 제국주의 시대의 유럽 식민가가 저랬겠지 싶었다.

해고를 당한 콘센야 가운데에는 카티야라는 아이 셋을 둔 엄마도 있었는데, 카티야의 해고 과정에 내가 직접적으로 연루되면서 나 자신에게도 상당한 상처가 됐다. 당시 나는 아디스아바바에서부터 옮아온 곤니짜(qunCH'a, 벼룩) 때문에 내내 고생을 하고 있었다. 꾸준히 약을 바르다 보면 언젠가는 낫겠지 했는데, 점점 심각해지더니 3주쯤 지났을 때에는 참지 못하고 긁어 댄 곳들이 죄다 곪아 걷기조차 힘든 지경이 되어 버렸다.

직원들에게 물어 봐도 "그건 곤니짜가 아니야, 빔비(bimbi, 모기)야. 곤니짜는 여기에 없어"라는 말만 했다. 그 말이 사실인지 이곳에서 일하는 에티오피아 직원들 중에 곤니짜로 고생하는 사람은 없었다. 곤니짜는 피부가 약한 사람만 공격한다는 이야기도 들었던지라, 답답한 마음에 에티오피아에서 오래 생활한 알렉스에게 물어보려고 그를 찾아갔다. 그런데 알렉스는 통통 부은 내 다리를 보자마자 길길이 화를 내더니 롯지의 하우스키퍼로 일하고 있던 카티야를 부르는 게 아닌가.

"카티야! 롯지에 곤니짜가 있다는 게 사실이야? 오늘 안으로 침대 시트랑 이불을 다 거둬 내고 깨끗이 빨아 놓지 않으면 내일부로 해고인 줄 알아!"

나는 아디스아바바에 있을 때 물렸던 것이고, 오늘 안으로 그 많은 빨래를 혼자서 다하는 건 불가능 일이라며 흥분한 알렉스를 말렸지만 그는 내 말을 듣지 않았다. 롯지에는 세탁기는 물론이고, 수돗물도 공급되지 않기 때문에 속옷 하나를 빨려 해도 물탱크에서 빨래터가 있는 언덕배기까지 물을 길어 와야 했다. 빨래터라고 해봤자 물통, 바가지, 나무 널빤지가 전부이고, 그것도 남는 땅의 경사면에 설치해 두어 1분만 빨래를 비비고 있어도 허리가 끊어질 것 같았다. 그런 곳에서 카티야는 이를 악물고, 허리를 부여잡은 채, 알렉스가 시킨 일을 해내고야 말았다. 얼마나 서럽고 힘이 들었으면 카티야는 빨래를 다 마치고 나서는 주방에 들어와 한참을 꺽꺽 소리를 내며 울다가 집으로 돌아갔다.

다음 날 주방에 출근했더니 카티야가 전처럼 걸걸하고 호탕한 목소리로 수다를 떨며 집에서 짜온 우유로 주방 식구들에게 밀크티를 끓여 주고 있었다. 나 때문에 피해를 입은 것 같아 카티야에게 내내 미안한 마음이었는데, 그런 내게도 걱정하지 말라는 듯 차를 건네주었다. 하지만 결국 카티야는 그날 해고를 당했다.

"이걸 빨래라고 한 거야? 이렇게 더러운데?"

우기에는 물탱크에 흙탕물이 섞여 들어가 어쩔 수 없다는 걸 잘 알면서도 막무가내였다. 직원들도, 나도, 알렉스가 말도 안 되는 고집을 부리고 있는 걸 보면서도 누구도 나서서 알렉스에게 따지지 못했다. 입 안에 똥을 한 움큼 집어넣은 기분이었다.

며칠 뒤에는 롯지에서 온갖 궂은 일을 도맡아 하던 베이비가 아디스아바바에 아내와 아이를 만나러 갔다가 휴가를 하루 넘겼다는 이유로 곧바로 해고를 당했고, 열아홉 살 미혼모인 알미티는 화장실을 더럽게 썼다는 누명을 뒤집어쓰고 온갖 모욕을 당한 뒤 해고됐다. 내게 가장 힘들었던 건, 주방장 짜하이 아주머니가 자기 발로 롯지를 나갔을 때였다. 아주머니는 롯지의 출발부터 3년을 함께해 왔지만, 알렉스는 1년 단위로 월급을 올려 주겠다던 약속을 한 번도 지키지 않았고, 오히려 말라리아에 걸려 병가를 낸 아주머니에게 매출 손실의 책임을 묻겠다고 협박을 했다. 아주머니가 떠나고 나서 알렉스는 마치 기다리기라도 했다는 듯, 콘소의 옆 도시인 아르바만치에서 새 직원을 데려왔다. 롯지 직원들은 마치 기계의 부품을 갈듯 함부로 버려지고 곧 새롭게 교체되었다.

알렉스의 상식 밖에 행동을 지켜본 봉사자들도 하나둘 짐을 싸 롯지를 떠났다. 친한 친구들이 사라진 롯지는 적막하기 그지없었다. 나도 하이리가 아니었다면 그들처럼 진작 롯지를 박차고 나왔을 것이다.

한편, 하이리는 단순한 운전기사가 아니라 알렉스의 또 다른 돈벌이 수단이었다. 당시 콘소에서 아디스아바바까지 가려면 버스비가 6천 원 정도 들었다. 여유가 있는 사람들은 비행기를 타거나 서너 배 더 많은 돈을 내고 널찍한 랜드 크루저를 얻어 탔다. 하이리가 롯지에 올 손님이 없을 때조차 일주일에 서너 번씩 콘소와 아디스아바바 사이를 오가야 했던 것은 바로 이런 승객들을 태우기 위해서였다. 세 사람만 태워도 알렉스는 앉은 자리에서 6만 원을 벌었다. 하이리가 피곤하면 피곤할수록 알렉스의 주머니는 불어났다. 하이리가 빈 차로 돌아오는 날이면 알렉스는 입에 담지도 못할 욕을 했고, 심지어 주먹질을 할 때도 있었다. 그러다 결국 사고가 났고, 알렉스에게 빚을 지게 된 하이리는 더 옴짝달싹 못 하는 처지가 되어 버렸다.

자초지종을 알게 된 나는 더 이상 롯지에 머물고 싶지 않았다. "그 사고는 네가 아닌 알렉스 때문에 일어난 것"이라고, "네게는 그 돈을 갚을 의무가 전혀 없다"고 하이리를 설득했지만, 그는 끝내 롯지에 남기로 결정했다. 하이리를 남겨 두고 롯지를 나오던 날, 내 기분은 말할 수 없이 참담했다. 여행자인 나는 맘껏 욕하고 떠나 버리면 그만이지만, 롯지가 삶의 터전이고 유일한 생계 수단인 하이리는 그럴 수 없다고 생각하니 마음이 쇳덩이처럼 무거웠다. '공정' 여행 숙소, 〈스트로베리필드 에코롯지〉는 그렇게 구질구질한 기억들만 남긴 채로 멀어져 갔다.

2012년에 다시 에티오피아를 찾았을 때, 롯지에서 함께 일했던 바하이루를 만났다. 바하이루는 내가 떠나고 얼마 되지 않아 사표를 내고 롯지를 나왔다고 했다. 그 뒤로 다른 일자리를 찾았지만 알렉스가 경력을 증명해 주지 않아 3년간 목수로 일한 경험을 인정받지 못했다며 억울해했다. 자기 능력에 비해 턱없이 낮은 월급을 받고 일하면서도 바하이루는 "다시 콘소로 돌아가고 싶지도 않고, 그놈한테 부탁을 하고 싶지도 않아"라고 말했다. 마사라트의 뒤를 이어 식당에서 일했던 히웃과도 페이스북을 통해 계속 연락을 했는데, 히웃은 여행을 하다가 일부러 들른 롯지에 "우리가 아는 사람은 한 명도 없더라"며 씁쓸한 소식을 전했다.

무엇 하나 공정한 것이라곤 없었던 알렉스의 롯지를 경험하고 난 뒤에, 나는 내가 실천하고자 했던 '공정 여행'이 무엇이었는지를 다시금 생각해 보게 되었다. "여행은 '떠남'이 아니라 '만남'임을, '어디로'가 아니라 '어떻게'의 문제임을, '소비'가 아니라 '관계'임을" 믿는 것, 에티오피아에서 돌아온 뒤에 다시 펼쳐 본 『희망을 여행하라』에서는 공정 여행을 그렇게 설명하고 있었다.

공정 여행을 한답시고 나는 누군가가 차려 놓은 밥상에 숟가락만 얹으려고 했던 게 아니었을까? '스트로베리필드 에코롯지'라는 예쁜 이름과 에티오피아를 사랑하는 젊은 외국인 사업가라는데 홀려 그곳을 찾는 것만으로도 공정한 여행자가 될 것 같은 환상에 빠졌던 건 아니었을까? 공정 여행이란 누군가가 만들어 주는 것이 아니라 내가 걷는 길, 내가 머문 장소에서, 내가 만난 사람들과 직접 부딪치고, 소통하고, 관계를 맺어 가는 가운데 가능하다는 걸 조금은 깨닫게 됐다. 그러니까 그해, 알렉스 때문에 완전히 망쳐 버렸다고 생각했던 내 첫 번째 공정 여행은 실은 아직도 끝나지 않은 이야기이고, 숙제인 것이다. 언젠가는 알렉스도 내가 나 자신에게 던졌던 그런 질문들을 스스로에게 던질 날이 오기를 바란다. 자신이 걸어온 길과 그 길에서 만난 소중한 얼굴들을 하나하나 떠올리며 말이다.

바다의 법은
어디로 사라졌을까?

No.

〈테라페르마Terraferma〉*라는 제목의 이탈리아 영화가 있다. 이탈리아 남부 시칠리아 인근의 작은 섬에서 벌어지는 이야기를 담았다. 주인공 필리포는 배를 타는 할아버지를 따라 새벽녘에 고기잡이를 나갔다가 바다 한가운데서 허우적거리는 흑인 한 무리를 발견하고는 할아버지와 함께 그들을 건져 올린다. 다음 날 경찰은 간밤에 두 사람이 한 일이 불법 이주를 도운 위법 행위라며 그들의 거의 유일한 생계 수단이던 배를 압류해 버린다. 이때 필리포의 할아버지가 경찰관에게 "당신은 바다의 법이 무언지 아느냐"고 질문을 던진다.

"바다의 법이란 위험에 처한 생명이 있으면 무조건 돕는 것이다."

할아버지의 답이었다.

* 에마뉘엘 크리알리스Emanuele Crialese 감독, 2011

하지만 아프리카인들의 불법 이주가 점점 늘어나자 마을 사람들은 그들로 인해 섬의 관광 수입이 줄어든다고 생각하고, 서서히 바다의 법을 외면한다.

"내 아버지는 바다에서는 위험에 빠진 이가 있으면 도와주어야 한다고 가르쳤어요. 하지만 내 아이들에게는 다르게 가르쳐야 해요. 물에 빠진 사람이 흑인일 경우에는 예외라고요."

필리포의 집에는 그날 밤 목숨을 구해 주었던 이들 중 만삭이던 임산부가 아이를 낳고 숨어 있었다. 에티오피아에서 왔다는 여자는 손가락으로 지구본 위에 에티오피아, 수단, 이집트 순으로 길을 그렸다.

"여기에서 여기. 2년간의 여행. 그리고 바다……. 지금 우린 어디에 있는 거죠?"

토리노에서 일하고 있다는 남편을 찾기 위해 무작정 길을 나선 여자는 필리포의 어머니에게 얼마 전 태어난 아이에 대한 비밀을 털어놓는다.

"우리는 오랫동안 리비아의 감옥이 있었어요. 여자들은 아이들과 함께 지냈어요. 밤에 경찰이 다가왔어요. 아이들이 보고 있어요. 남편에게 이 아이의 존재에 대해 아직 말하지 못했어요."

불과 며칠 전 남편을 여의고 홀로 아들을 책임지게 된 필리포의 어머니는 이 에티오피아 여자에게 깊은 연민을 느낀다. 한편 필리포는 사람의 목숨을 구하는 선한 일이 오히려 가족들의 생계를 위협하자 점차 혼란스러워한다. 인간으로서 지키고자 하는 윤리적인 신념과 법과 체제가 개인에게 강요하는 행동 사이, 그리고 자신이 처해 있는 현실 사이에서 말이다.

나의 첫 번째 에티오피아 여행이 끝나고 한국으로 돌아가기 전, 모로코에 가기 위해 스페인의 항구 도시 타리파Tarifa에 들렀다. 그곳에서 페리를 타고 이동할 생각이었다. 타리파는 파울로 코엘료의 책 『연금술사』의 배경으로 유명해진 도시로, 항구 주변에는 개성 있는 상점들과 저렴한 노천카페, 고래 투어, 조류 관찰, 윈드서핑, 모로코 당일치기 등의 관광 상품을 파는 여행사들이 많았다. 마침 그때는 한창 스페인의 바캉스 시즌이었다. 찾아가는 호스텔마다 가격이 다른 도시의 두 배 이상이었고, 그마저도 만원인 경우가 많았다. 거리는 자유롭게 수영복만 걸치고 활보하는 이들, 피서를 온 가족들로 활기가 넘쳤다.

모로코 탕헤르Tangier로 향하는 페리의 갑판 위에서, 나는 태양을 집어삼킬 듯 펼쳐진 거대하고 검은 지브롤터 해협을 바라보았다. 내가 얼마나 미미한 존재인지를 절로 깨닫게 만드는 그 풍경이 너무도 아름다워 한참 동안이나 넋을 잃고 바라보았다.

나중에야 알았다. 그곳에서 해마다 유럽 땅에 닿기 위해 바다를 건너다 익사하는 아프리카인이 수천 명에 이른다는 사실을. 그리고 그렇게 이름 없이 죽어간 그들이 마침내 안식을 찾은 공동묘지가 그 낭만적인 도시, 타리파 한 켠에 존재한다는 사실을 말이다. 낡고 작은 보트에 몸을 의지한 채, 파도와 죽음에 대한 공포를 맨몸으로 견디고 있는 수십 명의 아프리카인들을 상상했다. 그리고 고작 37유로를 내고 편안한 갑판에 앉아 유럽과 아프리카를 오가는 나를 바라봤다.

어째서 모든 사람이 같은 풍경을 같은 방식으로 마주하지 못하는 것일까?

영화 〈테라페르마〉는 내게 그때의 기억을 상기시키는 영화였다. 갈수록 늘고 있는 아프리카인들의 이주를 막기 위해 국경 수비를 더욱 강화하기로 했다는 스페인 정부의 발표에 가슴이 또 한 번 덜컥 내려앉았다. 민아

2

손에
크나를 새기다

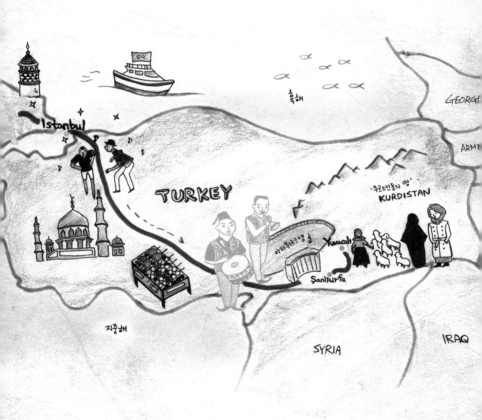

여섯 번째 ____
이스탄불의 골목에서
만난 아프리카

악샤라이의
사람들

에티오피아에 다녀온 뒤, 나는 강원대학교 문화인류학과에 편입해 다시 공부를 시작했다. 남들보다 늦게 시작한 대학 생활에 정신없이 적응하다 보니 어느덧 4학년 여름방학이었다. 학교 홈페이지에서 우연히 해외 워크캠프 참가비를 지원해 준다는 안내문을 보았고, 그 순간 내 머릿속엔 '터키'가 떠올랐다.

터키에 가고 싶었던 것은 인터넷에서 우연히 읽은 한 인류학자의 칼럼 때문이었다. 터키에는 약 5만 명의 아프리카 이주민*이 살고 있는데, 이들이 때로는 노골적인, 때로는 눈에 보이지 않는 차별과 배제에 시달려 살 집을 구하는 것조차 쉽지 않다는 내용이었다. 그래서 그들은 자연스럽게 같은 나라에서 온 사람들끼리 의지

● 차별과 배제의 대상이 되는 '아프리카 이주민'의 범위에 터키와 같은 이슬람권인 북아프리카 국가 이주민들은 포함되지 않는다.

해 살 공간과 일자리를 찾게 되었는데, 그 결과 이스탄불 일부 지역에 아프리카 이주민들의 게토가 형성되었다고 한다.

방글라데시에서 온 이모부와 한국에 거주 중인 에티오피아 친구들을 만나며 국제 이주에도 관심을 갖게 된 터라 칼럼의 내용이 더 흥미로웠다. 신청서에 희망 국가로 '터키'를 적어 넣으며 한국에 사는 에티오피아 사람들과 터키에 사는 에티오피아 사람들의 삶의 방식과 이주 환경을 비교해 보는 것도 재미있겠다는 생각이 들었다. 착오가 있었는지 워크캠프 참가지가 터키에서 크로아티아로 변경되었지만, 나는 터키행 비행기표를 바꾸지 않았다. 한국에서 터키를 거쳐 크로아티아로 가는 여정이 그렇게 결정되었다.

이스탄불에 온 지 사흘 째 되던 날, 우여곡절 끝에 에티오피아 사람들이 모여 산다는 동네를 찾았다. 아프리카 이주민들이 많다는 소문을 듣고 카드쿼이Kadıköy와 오스만베이Osmanbey를 찾아갔다가 허탕만 치고는 다 그만두고 관광이나 할까 고민하던 차였다. 오스만베이에서 만난 나이지리아 청년이 악샤라이Aksaray라는 곳에 에티오피아 식당이 있다는 이야기를 해 주지 않았다면 아마 나는 거기에서 포기해 버렸을 것이다.

다음 날, 나이지리아 청년이 알려 준 대로 '70NY' 버스를 탔다. 안내 방송도, 전광판도 없는 낡은 버스를 타고 30분을 달리자 이주민으로 보이는 흑인들이 점점 눈에 띄었다. 나는 순전히 감에 의

지해 버스에서 내렸다. 골목 안으로 들어갈수록 풍경도, 색채도, 냄새도 바뀌었다. 흑인들뿐 아니라 서남아시아 출신으로 보이는 사람들도 많았다. 그들은 길가 아무 곳에나 자리를 깔고 앉아 값 싼 장신구, 구제옷 따위를 팔고 있었다. 좁은 골목에서는 고양이들이 산처럼 쌓인 쓰레기를 놀이터 삼아 뛰어다니며 먹이를 찾고 있었다. 도로는 차 한 대만 지나가도 희뿌연 먼지를 내뿜어 시야를 가렸다. 연보라, 노랑, 연두 빛깔로 이스탄불 특유의 색채를 뿜내던 세련된 건물들은 더 이상 보이지 않았다. 문득 어제 나이지리아 사람들이 모여 산다는 오스만베이를 찾았을 때가 생각이 났다. 맞은편의 탁심Taksim 광장●은 젊은이들과 배낭여행자들로 활기가 넘쳤지만, 바로 길 건너 오스만베이의 골목길은 으스스할 만큼 텅비고 초라한 느낌이었다.

내가 내린 곳은 악샤라이가 맞았다. 하지만 골목을 아무리 뒤져도 어제 그 청년이 말한 에티오피아 식당은 찾을 수가 없었다. 알고 보니 그 일대는 섬유 사업을 하는 세네갈 사람들의 거점이었다. 그래도 내게 운이 따랐는지, 아내가 에티오피아 출신이라는 이스마엘을 만날 수 있었다. 세네갈 사람인 이스마엘은 에티오피아 사람을 만나고 싶다는 내 말에 아내와 통화를 하더니 기꺼이 나

● 유럽 지구에 있는 이스탄불 신시가지의 중심으로, 이스탄불 최대 상권을 이루고 있다. 전차가 다니고, 독특하고 예쁜 상점이나 클럽들이 많아 여행자들에게 인기가 높다.

스무 살, 흔들리는 청춘의 여행 인문학

를 자기 집에 초대했다. 황토색 흙벽의 허름한 건물 지하에 이스마엘과 그의 아내 메자가 네 살 난 아들과 함께 살고 있었다. 집에는 메자 말고도 메자의 에티오피아 친구인 사라와 젠네이트도 있었다. 밥을 먹던 중이었는지 거실에는 에티오피아 빵 다보와 인제라, 미드미따가 차려져 있었다. 메자는 내게도 식사를 권했다. 익숙한 손놀림으로 인제라를 먹는 나를 보며 메자와 친구들은 깔깔대며 무척 신기해했다.

식사가 끝난 뒤 메자는 나를 위해 분나를 끓였다. 인조 잔디 위에 작은 다탁을 올린 뒤, 제베나에 시니, 팝콘까지 갖춘 완벽한 에티오피아식 분나 세레모니였다. 제베나에서 익숙한 커피 냄새가 퍼져 나가는 가운데 메자가 자신의 이야기를 들려주었다.

"메자, 어떻게 이스탄불까지 오게 됐는지 말해 줄래요?"

"나는 '탈출'을 했어요. 열아홉 살에 시리아로 팔려가 그때부터 하우스 마담으로 일했지요. 나는 지금도 아랍 사람이라면 치가 떨려요. 그 사람들은 우리를 노예처럼 대했어요. 때리면 맞고, 그러다 죽으면 조용히 버려졌지요. 어느 날 쓰레기장에서 다른 집에서 일하던 친구가 죽은 채로 발견됐어요. '이러다가는 나도 죽을 수 있겠구나' 싶어서 어떻게든 여기에서 도망쳐야 한다고 생각했어요."

메자는 주인 몰래 복사해 둔 열쇠로 집을 빠져나와 터키 국경까지 무작정 걷고, 또 걸었다고 한다. 거기에서 대기하고 있던 브로커의 차를 타고 약속한 500유로를 건넨 뒤 국경을 넘을 수 있었다.

"터키는 미등록 이주민에 대한 단속이 심하진 않나요?"

"당시엔 터키 정부가 에리트레아 출신 난민들을 공식적으로 받아 주고 있었어요. 전 에티오피아 사람이지만, 사실 육안으로는 구별이 잘 안 되죠. 길을 가다 경찰이 검문을 하면 그냥 에리트레아 사람이라고 말했어요."

하지만 이스마엘과 결혼하고 난 뒤로는 더 이상 불안한 신분 때문에 걱정할 필요가 없었다. 이스마엘도 처음에는 미등록 이주민으로 공장에서 일을 했지만, 친구들과 세네갈 면직물을 수입하는 무역회사를 차린 뒤로는 정식으로 비자를 발급받게 되었다.

"시리아와 비교했을 때 터키에서의 삶은 어때요?"

"시리아에서는 24시간 하루 종일 일했지만 한 달에 고작 100유로를 받았어요. 여기서는 그래도 1천 유로씩 벌어요. 일주일에 한 번 쉬는 날도 있고요. 물론 일은 똑같이 피곤하고 힘들어요. 하지만 지금 생활에 훨씬 만족해요."

메자는 '훨씬'이라는 말에 특히 힘을 주었다.

메자가 시리아에서 경험한 인권 침해는 사우디아라비아나 아랍에미리트, 카타르 등의 걸프 지역에서 지금도 흔히 일어나는 일이다. 이들 지역은 노동력의 70퍼센트를 이주 노동자로 채우는데, 주로 지리적으로 인접한 동아프리카나 동남아시아 출신들이다. 이들 가운데 여자들은 대부분 성 산업이나 '하우스 마담'으로 불리는 가사 노동에 종사하고, 남자들은 건축 현장이나 농장에서 일하며, 아이들은 도박의 일종인 낙타 경주 산업에 동원된다.[*] 걸프 지역 이주 노동자들의 처지가 어찌나 열악한지는 〈국제 엠네스티〉나 〈아바즈〉 같은 인권 옹호 단체에서 진행 중인 캠페인들만 봐도 알 수 있다. 특히 가사 노동을 하는 여성들은 감금, 성폭력, 임금 체불, 종신 계약, 혼인 강요, 인신매매 등의 착취와 범죄에 노출돼 있다. 메자도 "아랍 사람들은 우리를 인간으로 생각하지도 않아요"라는 말로 그 실상을 전했다.

이 지역에서 벌어지는 이주 노동자에 대한 인권 억압은 '카팔라 Kapala 보증 제도'에 의해 구조적으로 뒷받침된다. 카팔라는 본래 아랍 문화권에서 외국인 손님을 맞이할 때 집주인이 그 손님을 대접하고 보호할 책임이 있다는 원칙을 뜻하는 말이었는데, 오늘날에는 고용주가 이주 노동자의 카필(Kafeel, 보증인)이 됨으로써, 그의 모든 권리까지 소유할 수 있다는 뜻으로 변형되었다. 집 주인이 열쇠로 문을 열어 주기 전에는 집 밖으로 나가는 것조차 금지되었던 메자도 이 카팔라의 피해자였다.

기억하기 싫은 과거를 떠올린다는 게 힘든 일이었을 텐데, 인터

* Hélène Harroff-Tavel and Alix Nasri, *Tricked and Trapped: Human Trafficking in the Middle East*, 2013

뷰가 끝난 뒤 메자의 얼굴은 오히려 홀가분해 보았다. 메자와 대화를 나누는 동안 사라와 젠네이트는 그날 밤에 열리는 파티에 갈 준비를 하느라 부산했다. 일을 마치고 돌아와 피곤하다며 소파에서 자고 있던 사라는 어느 새 일어나 젠네이트의 머리를 감겨 주고 있었다. 뭐가 그리도 재미있는지 두 사람 사이에 자지러질 듯한 웃음이 끊이지 않았다.

"오늘 이스마엘이 세네갈 커뮤니티 사람들이랑 같이 파티를 열어요. 민아 씨도 같이 가요!"

"나는 세네갈 사람도 아니고, 아프리카 사람도 아닌데요?"

"노 프라블럼! 아프리카 사람들은 국경이나 인종을 따지지 않아요!"

메자와 친구들까지 나서서 파티에 가자고 권하는 바람에 결국 따라나섰다. 약속 시간에 구애받지 않는 에티오피아 사람들의 느긋한 성격은 터키에서도 변함이 없었다. 세 사람은 미용실에서 한참 꽃단장을 하다가 새벽 두 시가 훌쩍 넘어서야 파티가 열리는 탁심으로 향했다. 머리부터 발끝까지 변신을 한 그들에 비해 스포츠 샌들에 발목까지 오는 촌스러운 원피스, 거기에 걸스카우트 배낭을 메고 있는 내 모습이 초라하고 우스꽝스러웠지만 세 사람은 연신 "예니 꼰조(yeni konjo, 예쁜이)"라며 나를 치켜세워 주었다.

클럽 안은 이미 아프리카 사람들로 북적이고 있었다. 세네갈, 에티오피아, 가나, 나이지리아에서 온 사람들이 터키, 헝가리, 영국에서 온 사람들과 뒤섞여 춤을 추었다. 메자의 말처럼 세네갈 사람들이 준비한 파티에는 국경도, 인종도 없었다. 춤과 음악을 통해 폭발하는 사람들의 열정과 희열이 그곳에 함께하는 모든 이들 사이의 차이를 녹여 버린 것 같았다. 스피커에서 뿜어져 나오는 음악 소리가 얼마나 큰지 심장이 울릴 정도였지만, 아이러니하게도 나는 그곳에서 터키에 온 이래 가장 큰 안정감과 평화를 느꼈다.

터키로 출발하기 전, 카우치서핑*의 이스탄불 페이지에 글을 올린 적이 있다. 아프리카 이주민들을 만나려고 하니 도움을 줄 사람을 찾는다는 내용이었다. 답장을 보내온 사람들은 많았지만 한결같이 내 계획에 부정적이거나 비관적이었다.

"쿰카피Kumkapı에 가면 시계나 값싼 모조품들을 파는 아프리카인들을 쉽게 만날 수 있어. 하지만 터키처럼 멋진 나라를 고작 그거 하나만을 위해 온다고? 그건 엄청난 실수를 저지르는 거야!"

"글쎄, 네가 무슨 말을 하는지 잘 모르겠어. 이스탄불에서 공부한 지 7년이나 됐지만, 딱히 그들의 존재를 느껴본 적이 없거든."

• couchsurfing.org. 비영리로 운영되는 여행자를 위한 커뮤니티로, 여행하는 곳의 현지인과 연결해 숙박이나 가이드를 무료로 이용할 수 있는 사이트이다.

떠날 날이 다가오는데도 현지 조사를 위한 정확한 정보를 얻지도, 구체적인 계획을 세우지도 못하고 있자 조금씩 초조해졌다. 그러다 출국하기 이틀 전, 쟌Can Mıhcı이라는 친구에게서 연락이 왔다.

"네가 조사하려는 주제에 대해 잘 알지는 못하지만, 그 칼럼에 나온 지역들을 안내해 줄 수는 있어. 우리 집에서 아주 가깝거든."

쟌은 조금은 특별한 나의 여행 계획을 격려하며 도와주겠다고 나선 유일한 사람이었다. 쟌의 집에 머물면서 매일 그와 함께 터키의 이주민에 관한 기사나 논문들을 읽었는데, 그러다 보니 자연스럽게 이주민에 대한 쟌의 생각을 들을 수 있었다.

"이스탄불에선 친구가 약속에 늦으면 농담 삼아 '나는 지금 아프리카인 시계상처럼 기다리고 있어'라고 말해. 정말 그 사람들은 하루 종일 같은 자리에서 시계를 팔거든."

나를 만나기 전까지는 터키의 이주민 문제를 진지하게 생각해 본 적이 없다던 쟌은 그동안 자신에게 아프리카 출신 이주민은 실력이 좋아 돈을 많이 받고 영입된 축구 선수이거나 손목시계를 파는 사람 둘 중 하나였다고 말했다. 쟌에게 나를 만나고 이주민에 대한 생각이 바뀌었는지 물었다.

"예전엔 존재 자체를 의식하지 않았어. 그만큼 무관심했던 거지. 그런데 이제는 길에서 이주민들을 마주칠 때마다 다가가 말을 걸고 싶어져. 얼마나 먼 길을 왔는지, 어떻게 여기까지 오게 되었는지, 어떤 일을 겪었는지, 그들이 가지고 있을 이야기가 궁금해지기 시작한 거야. 그들은 내가 한 번도 경험해 보지 못한 무언가를 경험했을 사람들이잖아."

나는 축구 선수의 꿈을 안고 터키에 왔다가 신분증을 소지하지 않았다는 이유로 경찰의 총에 맞아 목숨을 잃은 나이지리아 청년의 이야기를 알고 있다. 청년의 이름은 페스터스 오키. 사망할 당시 그의 나이는 고작 스물다섯 살이었다. 총을 쏜 경찰은 구금되었다가, 2011년 무죄를 선고받아 풀려났다. 나이지리아 이주민들이 크게 반발했지만 그것으로 끝이었다. 그 때문일까? 쟌에게 일어난 변화는 무척 특별하게 느껴졌다. 쟌처럼 이주민의 이야기에 귀 기울이고, 그들의 삶을 존중하는 이들이 늘어날수록, 우리 눈에 보이지 않는 장벽들도 하나둘 무너질 것이다.

　1. 직장 생활을 일찍 시작해 신용카드를 성실히 써 오다 보니 '프라이어티 카드Priority Card'라는 게 생겼다. 전 세계 공항의 웬만한 라운지들은 다 출입할 수 있는 마법의 카드다. 이 카드만 있으면 무지하게 편안한 소파에 앉아 테이블에 다리를 올리고 옆에서는 휴대폰을 충전하면서 와인을 홀짝거릴 수 있다. 그러다 보면 자연스레 그 밑으로 지나가는, 이곳에 들어올 수 없는 수많은 사람들이 내려다보인다. 순간 내 안에 유치한 계급의식이 슬며시 스며든다.

　2. 터키 아타튀르크 공항은 워낙 드나드는 사람이 많아서 출입국 수속을 할 때마다 한참을 기다려야 한다. 한 번은 좀 심하게 오래 걸린다 싶어 알아보니 단체로 온 우즈베키스탄 이주 노동자들 때문이었다. 사람들은 점점 지쳐갔고, 얼굴에 짜증이 묻어나기 시

작했다. 그때 한 눈에 봐도 돈이 많아 보이는 부부가 공항 직원에게 뭔가를 보여 주더니 긴 줄에 서 있던 많은 사람들을 일순간에 제치고 30초 만에 입국 심사대를 통과했다. 기다리던 사람들은 영문을 몰라 어리둥절했다. 그들이 내민 것은 '타브 여권TAV passport'이었다. 1,300~2,500유로의 연회비를 내면 언제든지 줄을 서 기다리는 사람들을 비웃기라도 하듯 단번에 공항 밖으로 나갈 수 있는 것이다.

3. 공항에서도 빈부에 따라, 피부색에 따라, 여권에 찍힌 국적에 따라 다양한 구별짓기가 행해진다. 어쩌면 공항에서 더 노골적으로 벌어지는 일인지 모른다. 신발을 벗고, 속옷이 든 가방을 열어 보이고, 몸수색을 당하는 건 안전 때문에 어쩔 수 없는 일이라 치자. 그래도 가끔 공항에서 일 대 일로 몸을 수색하기 위해 마련된 부스를 볼 때면, 그 안에서 경찰의 취조를 견뎌야 하는 사람들이 상상돼 마음이 불편하다. 그들은 십중팔구 가난하거나 문제 국가로 낙인찍힌 나라에서 온 사람들일 거다.

4. 카타르 도하 공항에서 환승 수속을 밟는데 옆줄에 서 있던 방글라데시에서 온 아저씨들이 거의 20분간 직원과 실랑이를 벌였다. 가지고 있던 온갖 서류들을 다 꺼내어 보여 준 뒤에야 그들은 심사대를 통과할 수 있었다. 한 쪽에서는 파키스탄 여자가 환

승구를 통과하지 못하고 경찰에게 끌려가며 대성통곡을 했다. 그리고 나는 똑같은 곳을 통과하는데 채 10초도 걸리지 않았다. 출입국 심사대 앞에 줄을 선 사람들이 마치 불량품을 걸러내는 컨베이어 벨트 위에서 심사를 기다리는 것처럼 보였다.

5. 새벽 다섯 시인데도, 도하 공항의 온도는 33도였다. 공항을 청소하는 앳된 얼굴의 동남아 소년들이 눈에 띄었다. 기껏해야 열다섯 살, 열여섯 살쯤 되었을까? 문득 2010년, 스페인 바라하스 공항에서 만난 방글라데시 출신의 청소부 아저씨가 생각났다. 스페인에 도착하자마자 낮 시간에 잠시 배낭을 보관해 두었던 지하철 역 캐비닛이 털리는 바람에 가지고 있던 모든 짐들을 통째로 도둑맞았다. 사흘 뒤에 함께 여행을 하기로 한 친구가 오기로 되어 있기 때문에 그동안 버틸 곳이 필요했다. 그렇게 해서 2박 3일 동안의 공항 노숙이 시작되었다.

공항은 생각만큼 관대하지 않았다. 한산해진 출국장에 겨우 자리를 잡고 눈을 붙이려 하면 공항 경찰이 나를 흔들어 깨웠다.

"여기서 자면 안 돼요. 일어나세요!"

'에잇, 치사하게.'

하는 수 없이 공항 1층으로 피신해 통유리로 스며드는 냉기를 감수하며 쪽잠을 청했다. 그때 내게 유일하게 다가와 말을 걸어 준 사람이 공항 청소부 아저씨였다. 우리가 처음 만난 날, 아저씨는

스무 살, 흔들리는 청춘의 여행 인문학

창가에서 담요 하나 없이 오들오들 떨며 자고 있는 나를 발견하고
는 내게 좀 더 편안하고 따뜻하게 쉴 수 있는 곳을 알려주었다. 무
일푼인 내 사정을 알고 나서는 먹을 것도 챙겨 주고 며칠간 씻지
못해 꼬질꼬질한 내게 물티슈와 수건을 건네기도 했다. 방글라데
시 출신 이모부에게서 방글라데시라는 나라의 사정이 어떤지, 그
곳 사람들이 일자리를 찾아 외국으로 나가려면 얼마나 큰 위험과
비용을 감수해야 하는지 전해들었기 때문에 아저씨가 주는 오렌
지 한 알, 생수 한 병이 더 고맙게 느껴졌다.

6. 아랍에미리트에서 터키 이스탄불로 향하는 하늘길이 조금
이상했다. 곧장 시리아를 관통해 가면 시간이 훨씬 줄어들 텐데,
비행기는 굳이 이라크로 돌아서 갔다. 비행기가 건물들이 보일 만
큼 낮게 날고 있었기 때문에 나는 혹시나 전쟁의 현장이나 난민촌
같은 것들을 육안으로 볼 수 있지 않을까 하고 창문에 머리를 박
고 내려다 봤다. 사막도, 고원지대도, 강줄기도 그저 아름다울 뿐
이었다. 이라크에서도, 시리아에서도, 어떤 일이 벌어지고 있는지
비행기 안에서는 조금도 드러나지 않았다. 이렇게 고요하고 아름
다운 땅에서 매일같이 전쟁과 테러가 일어나고 있다는 게 믿기지
않았다. 이처럼 적당한 거리를 유지한 채로, 나는 또 얼마나 많은
것들에 '눈 뜬 장님'이 되어 살아가고 있는 것일까? 민아

일곱 번째 ____
우르파 가족과의
우연한 동거

크나의 의미

2012년 6월 25일, 이스탄불에서 일주일간 나의 호스트가 되어 주었던 잔의 배웅을 받으며 우르파행 버스를 탔다. 우르파의 진짜 이름은 샨르우르파Şanlıurfa로, 시리아 국경에 인접해 있으며, 터키인과 쿠르드인이 공존하는 도시이다. 워낙 먼 길이었기에 창가 쪽 자리를 미리 예매해 두고 여유 있게 버스에 올라탔는데, 무뚝뚝해 보이는 아주머니와 남자아이가 내 자리에 앉아 있었다. 내 표를 보여 주며 차분히 양해를 구했는데도, 아주머니는 되려 내게 큰소리를 치며 요지부동이었다. 억울했지만 어린아이가 마음에 걸려 그냥 양보를 했다. 두 사람이 앉기에도 꽉 차는 자리에 세 사람이 앉으니 몸을 움직일 틈도 없었다. 우르파까지 가려면 앞으로 스무 시간 이상은 그 상태로 버텨야 했다. 밤이 되자 엎친 데 덮친 격으로 아이의 잠투정까지 시작되었다. 엄마 품에 간신히 안겨 불편해하는 아이가 안쓰러워 아이 다리를 당겨서 내 허벅지 위에 올려놓

스무 살, 흔들리는 청춘의 여행 인문학

왔다. 그제야 조금 편안해졌는지 아이는 투정을 멈추었고, 아주머니도 나도 잠시나마 눈을 붙일 수 있었다.

아침이 밝았다. 확연히 달라진 날씨와 풍경을 보며 터키의 남동쪽을 향해 가고 있다는 걸 실감했다. 이른 시간인데도 바깥은 찌는 듯한 햇살로 이글이글 타고 있었다. 좁은 의자에 다섯 살 난 아이까지 덤으로 끼어 있으니 내 몸은 구겨진 종잇장처럼 만신창이였다. 게다가 버스는 에어컨이 제대로 작동하지 않아 그야말로 찜통이었다. 휴게소에 도착하자마자 화장실로 달려갔는데, 그곳엔 이미 차도르를 훌러덩 벗어젖힌 채로 땀에 찌든 몸을 물로 씻어 내고 있는 여자들로 만원이었다. 이스탄불만 해도 한국보다 자유로운 옷차림의 여자들이 눈에 많이 띄었는데 터키 특유의 이슬람 세속주의 경향이 약한 남동부로 갈수록 히잡뿐만 아니라 차도르나 니캅을 두른 여성들도 쉽게 볼 수 있었다.* 머리로는 이 역시 그들의 종교이고 문화라는 생각을 했지만, 답답한 마음이 드는 건 어쩔 수 없었다.

버스가 우르파에 가까이 다가가고 있다고 느낄 때쯤 옆에 앉

---

* 터키의 이슬람 세속주의는 터키 공화국을 세운 무스타파 케말(케말 파샤)의 정교분리政敎分離 원칙에서 유래했다. 세속주의 덕분에 터키는 다른 이슬람 국가와는 달리 자유로운 사회 분위기가 자리 잡고 있다. 히잡, 차도르, 니캅은 이슬람 여성들이 입는 복장으로, 히잡은 얼굴을 내놓고 상체만 가리는 두건이고, 차도르는 얼굴을 제외한 몸 전체를 가리는 옷이며, 니캅은 차도르에서 얼굴까지 가린 옷(눈만 내놓는다)이다. 최근에는 터키에서도 주류 규제를 비롯한 이슬람주의에 입각한 정책들이 추진돼 이에 저항하는 시민들의 시위가 벌어지기도 했다.

은 아주머니가 내게 자꾸만 말을 걸었다. 나는 "테세큐레 으데림 (Tesekkur ederim, 감사합니다)"과 "타맘, 타맘(Tammam Tammam, 네)"을 반복하며 아주머니의 말을 알아듣는 척 했다. 왠지 모를 불안감이 스멀스멀 올라왔지만 긴 여행과 무더위에 지칠 대로 지친 터라, 뭔가를 깊게 생각할 여유조차 없었다. 얼마 뒤 아주머니가 차장에게 뭐라고 말을 건넸고, 이내 버스가 길가에 있던 주유소에 멈춰 섰다. 아주머니는 내게 "우르파, 우르파"라고 하며 빨리 내리라고 손짓을 했다. 얼떨결에 버스에서 내리면서도 어리둥절했다.

주유소 앞에는 할아버지 한 분이 차를 세워 놓고 기다리고 있었다. 아주머니는 할아버지에게 반갑게 다가가 인사를 하더니 나를 가리키며 한참 무어라 대화를 나누고는 다짜고짜 내 짐을 트렁크에 싣고 얼른 차에 타라는 손짓을 했다. 차가 아주 좁은 골목길을 돌아 한적한 주택가에 도착한 뒤에야 감을 잡을 수 있었다. 아주머니는 내게 "우리 집에 갈래?"라고 물어본 것이었고, 나는 계속해서 "네"와 "감사합니다"로 대답했던 것이다. 터키의 시골 인심이 넉넉하다는 건 익히 들어 알고 있었지만, 생판 모르는 외국인을 무작정 집으로 데리고 갈 줄은 몰랐다.

차가 집 앞에서 시동을 끄자 아이, 어른 할 것 없이 사람들이 한꺼번에 우르르 몰려 나와 아주머니와 아이에게 포옹을 해대더니 차에 실린 짐들과 내 가방까지 순식간에 집안으로 들고 가 버렸다. 거실에 들어서니 스무 명이 넘는 엄청난 대가족이 우리를 기다리고 있었다. 이 집 막내딸이 결혼식을 올릴 예정이라 타지에 살고 있던 가족들까지 모두 부모님 댁에 모인 것이다. 나를 여기까지 데려온 아주머니는 '렘지예'라는 이름의 이 집 장녀였고, 함께 온 꼬마 아이는 아주머니의 늦둥이 모하메드, 그리고 차를 운전한 사람은 렘지예 아주머니의 아버지였다.

가족들은 먼 길을 달려온 우리들을 위해 곧바로 아침상을 준비했다. 난 모양의 빵에 토마토, 양파, 오이, 치즈, 구운 고추와 가지, 그리고 아이란과 차이까지! 가난한 여행자가 제 돈을 주고는 결코 맛볼 수 없는 진수성찬이었다. 렘지예 아주머니는 밥을 먹으며 가족들에게 그간 버스에서 있었던 일을 몸짓, 손짓을 곁들여 설명했고, 아주머니의 이야기를 들은 가족들은 내 얼굴을 보며 "알라!"를 연발했다. 터키 말을 알아들을 수 없는 나는 어색한 미소를 지으며 내 앞의 접시를 깨끗이 비우는 일에만 집중했다.

밥을 먹자마자 아주머니의 형부가 내게 시내 구경을 시켜 주겠다고 자리에서 일어났다. 엄마보다 먼저 할아버지 집에 와 있던 렘지예 아주머니의 첫째 딸과 조카도 함께 따라나섰다. 우르파는 구약뿐 아니라 코란에도 등장하는 선지자들, 아브라함과 욥이 태어난 곳으로 알려진 만큼, 무슬림들 사이에서는 유명한 성지이다. 아브라함이 태어났다고 알려진 동굴과 성, 신성한 물고기들이 산다는 연못, 고대 시장, 유물 발굴 작업이 한창인 곳까지, 순식간에 우르파 관광 풀코스를 마쳤다. 하지만 그 짧은 시간에도 내 눈을

사로잡은 것은 40도를 오가는 폭염 속에서도 살갗 하나 내놓지 않는 여자들, 그리고 길가 상점에 진열된 화려한 스카프들, 다양한 디자인의 바바리코트들이었다. 스카프와 바바리코트만으로라도 아름답게 보이고 싶은, 나와 다를 바 없는 여자들의 보편적 욕망이 느껴졌다.

마을을 돌고 나서 우리는 램지예 아주머니의 막내 동생이 살게 될 신혼집에 들렀다. 다른 가족들은 이미 와서 큰 물건들을 옮기고 있는 중이었다. 가구 하나를 놓는 데도 의견이 달라 내내 티격태격했지만, 웃음이 끊이지 않았다. 나도 가만히 있을 수 없어 바닥을 쓸고 닦는 일을 돕는데, 마치 몇 년 전부터 알고 지낸 사람들과 함께 있는 것 같은 느낌이 들었다. 고작 몇 시간을 함께했을 뿐인데, 말조차 통하지 않는 사람들과 가족 같은 감정을 공유할 수 있다는 게 신기했다.

저녁에 집에 가니 나머지 가족들이 엄청난 양의 피데(터키식 피자)를 만들어 놓고 기다리고 있었다. 가족들이 식사 준비를 할 때, 할머니(램지예 아주머니의 어머니)가 조용히 나를 부르더니 옥상으로 데려갔다. 우리 두 사람은 나란히 놓인 두 개의 의자에 앉아 아무 말 없이 해가 지는 모습을 지켜보았다. 보고, 느끼고, 생각하느라 쉴 새가 없었던 머리에 평화가 찾아왔다. 할머니는 그런 나를 바라보며 조용히 미소 짓다가, 다시 하늘을 바라보다가 했다.

밤에는 아주머니의 언니네 아파트에서 잠을 잤다. 밤늦게 집에 도착하니 겨우 일곱 살 난 이브라힘이 능숙하게 베란다 물청소를 끝내고 이불을 깔아 잠자리를 준비하고 있었다. 창문도 없이 활짝 뚫려 있는 난간 너머로 황야에서부터 따뜻하고 고요한 바람이 불어왔다. 가족들은 아이 어른 할 것 없이 함께 누운 채로 도무지 끝날 것 같지 않은 수다를 떨며 그 밤을 지새웠다.

본래 우르파는 내게 쿠르드인들이 사는 마을에 가기 전에 들르는 환승지였다. 렘지예 아주머니와 가족들 때문에 지체하게 되었지만, 쿠르드 마을을 방문하려던 원래 계획을 수정할 수는 없었다. 길을 떠나는 내게 결혼할 막내딸이 손수 청첩장을 챙겨 주고, 렘지예 아주머니는 터미널까지 마중 나와 결혼식 전에는 꼭 돌아와야 한다고 신신당부를 했다. 여행은 마음 닿는 곳을 따라가는 거라고 했던가? 결국 일주일 만에 우르파로 되돌아왔다.

신랑 신부에게 줄 선물을 고르고 렘지예 아주머니에게 전화를 걸었다. 그리고 아주머니가 마중을 나올 때까지 시간이 남아 가족들의 사진을 인화하기 위해 사진관을 찾았다. 돌아오는 길에 "민아! 민아!" 하고 내 이름을 외치는 렘지예 아주머니가 보였다. 기다리고 있기로 한 곳에 내가 없자 혹시나 길을 잃었거나 안 좋은 일을 당했을까 봐 애를 태우고 있었던 것이다. 아주머니는 인화된 사진을 들고 아무렇지도 않게 길을 건너오는 나를 보고 달려와서는, 나를 꼭 부둥켜안고 알라에게 감사하다는 말을 몇 번이나

스무 살, 흔들리는 청춘의 여행 인문학

되풀이하며 울먹거렸다. 그때, 그 순간의 느낌을 어떻게 설명할 수 있을까? 오랜 여행을 마치고 가족들 품에 돌아왔다는 느낌을, 이 멀고도 낯선 땅, 우르파에서 느끼게 될 줄은 몰랐다.

저녁을 먹은 뒤 할머니와 옥상에서 해가 지는 걸 보고 있는데, 아주머니의 두 딸 큐브라와 감제가 나를 집안으로 불러들였다. 그 날 밤 여자들은 결혼식에서 입을 드레스와 장신구들을 맞춰 보느라 주인공인 신부보다 더 분주하고 들떠 있었다. 아이들이 이끄는 곳으로 가니 침대 위에는 내일 있을 결혼식에서 내가 입을 옷과 구두, 스카프가 가지런히 놓여 있었다. 잠들기 전, 아주머니가 '크나(헤나)'에 대해 설명을 해주었는데, 결혼식에 크나를 하고 가는 것은 신랑 신부의 가족이라는 의미라며 내 손톱과 손바닥에도 물을 들여 주셨다.

결혼식 날이 밝았다. 여자들은 기껏 화려한 드레스를 입고는 그걸 볼레로와 히잡으로 다 가려 버렸고, 대신에 엄청나게 휘황찬란한 금으로 된 장신구들을 보이는 곳마다 둘러댔다. 결혼식은 집시 악단의 흥겨운 음악에 맞춰 춤으로 시작해 춤으로 끝났고, 내내 축제 같은 흥겨운 분위기가 이어졌다. 신부의 어머니는 멀찌감치 앉아 오늘만큼은 히잡 대신 하얀 면사포에 웨딩드레스를 입은 어여쁜 딸을 그저 흐뭇하게 바라보고 있었다. 축제는 신랑 신부가 신혼여행을 떠난 뒤에도 계속됐다. 집에 돌아가니 남자들이 손수 음식을 준비해 놓고 기다리고 있었다. 그 어느 때보다도 성대한 만찬

이 옥상 위에 잔뜩 차려졌다.

가족들 가운데는 영어를 할 줄 아는 이가 아무도 없었다. 우리 사이에 마침내 제대로 된 대화가 이뤄진 것은 그날 밤, 첫째 조카 이브라힘이 노트북을 가지고 와 구글 번역기를 돌렸을 때였다. 어른이며, 아이며 할 것 없이 작은 노트북 앞에 옹기종기 모여 앉아 번역돼 나오는 나의 이야기에 집중을 했다. 이들 대가족과 함께 지내는 동안 나는 친척들로 북적거리던 어린 시절 명절 풍경이 그리워졌다. 그때도 넉넉한 살림은 아니었지만, 별 것 없이도 집안에 웃음소리가 가득했었다. 살면서 다시는 그 시절로 돌아갈 수 없을 거라 생각했는데, 우르파의 가족들은 내가 오랫동안 접어 두었던 추억을 되살려 주었다.

이후 세 차례 더 터키를 오고가며 그때마다 렘지예 아주머니를 찾았다. 떨어져 있는 동안에는 페이스북으로, 손 편지로 소식을 주고받았다. 그 사이 이제 막 스무 살이 된 큰 딸 감제는 약혼을 했고, 내 무릎 위에 발을 걸치고 잠을 자던 늦둥이 모하메드는 유치원에 다니며 영어를 배운다고 했다. 결혼식의 주인공이었던 집안의 막내딸은 그새 아이를 낳았고, 또 누구네 아들은 초등학교에 입학을 했다. 무엇보다 그간 가족들에게 있었던 가장 큰 일은 렘지예 아주머니의 남편이 심장마비로 돌아가신 것이었다. 한국에서 아저씨가 중환자실에 있다는 소식을 처음 듣고 몇 주 뒤 결국 돌아가셨다는 이야기를 들었을 때, 이스탄불에 있는 아주머니 집을 떠나던 날, 아침부터 멀리까지 걸어가 내게 줄 케이크며 아이스크림을 사오던 아저씨 모습이 생각이 났다.

2013년 겨울에 쟌과 함께 아주머니를 다시 찾았을 때, 아주머니는 내게 혹시 아저씨 사진이나 동영상이 있으면 보내달라고 하셨다. 생전에 아저씨와 함께 찍은 사진이 많지 않아 그리울 때 아저씨를 떠올리고 싶어도 그럴 수가 없다는 것이었다. 한국에 돌아와 수백 장의 사진더미 속에서 아저씨를 발견했다. 겉보기엔 무뚝뚝한 독불장군처럼 생겼어도 가족들을 끊임없이 웃게 만들던 아저씨의 유머와, 양손에 먹을거리를 잔뜩 들고 들어와 "민아, 너이거 다 먹고 가야해!"라고 말하던 모습이 떠올라 한참 동안이나 사진 속 아저씨 얼굴을 가만히 들여다보았다.

여덟 번째 _____
쿠르드인에게 친구는 없고
오직 산만 있다

터키,
유바잘리

"쿠르드인에게 친구는 없고 오직 산山만 있다."

역사 내내 가장 외지고 척박한 곳으로 떠밀려 온 쿠르드족의 삶을 비유하는 이 속담처럼 우르파를 벗어나자마자 세상은 황무지로 변했다. 터미널에서 일하는 렘지예 아주머니의 친척 덕분에 나는 낡은 버스이지만 가장 좋은 자리를 공짜로 얻어 탈 수 있었고, 그 작은 봉고 버스는 쿠르드인들의 마을, 유바잘리Yuvacalı로 향하는 중이었다.

GAP(Güneydoğu Anadolu Projesi), 터키 정부가 서부 도시 지역에 비해 너무 낙후된 터키 동남부를 개발하기 위해 1970년부터 시작한 엄청난 규모의 장기 개발 프로젝트다. 그런데 어찌된 것이 이 지역은 40년이 지났는데도 세월을 거꾸로 거슬러 올라가고 있는 것처럼 보였다. 대학에 영화관, 대형 쇼핑센터까지 있던 우르파와 불과 한 시간 거리임에도, 유바잘리는 시야를 가리는 것 하나 없이 그저

허허벌판이었다. 쿠르디스탄*에 속하는 이 지역은 사실 언론에서
는 터키와 쿠르드노동자당(PKK)의 격전지로 유명했고, 내가 머무
는 동안에도 인근에서 쿠르드족 젊은이 세 명이 터키군의 전투기
공격에 목숨을 잃었다. 하지만 직접 가 본 유바잘리는 분쟁지이기
이전에 평범한 사람들이 살아가는 보통의 마을이었다.

　우르파에서 한 시간을 달려 도착한 곳은 페티네 집이었다. 유바
잘리에는 〈노마드투어Nomad Tour〉라는 공정 여행사가 있는데, 페티
는 〈노마드투어〉를 통해 유바잘리를 찾는 여행자들에게 홈스테이
를 제공하면서 가이드로 일하고 있었다. 〈노마트투어〉는 쿠르드족
남자와 결혼한 영국인 엘리슨이 운영하는 회사였다. 엘리슨은 마
을의 자립과 쿠르드인들의 문화를 알리기 위해 공정 여행 사업을
시작했다고 한다. 페티네 집 벽에는 내가 유바잘리에 머무는 동안
지켜야 할 몇 가지 지침들이 적혀 있었다.

　■ 종교적인 지역은 아니지만, 아주 보수적인 곳입니다. 남자는 짧은
　바지를 입어선 안 됩니다.
　■ 여성들은 복장에 유의해야 합니다. 머리까지 가릴 필요는 없지만,

●　Kurdistan. 쿠르드인의 땅이라는 뜻으로, 아나톨리아 반도의 동남부, 즉 터키, 이란, 이라
　크, 시리아, 그리고 아르메니아 접경을 이루는 산악 지대이다.

긴 치마를 입어 다리를 가릴 수 있도록 하십시오. 짧은 하의는 절대 안 됩니다. 그리고 상의는 몸에 붙지 않는 박스 타입으로 입는 것이 가장 좋습니다.

■ 머무는 숙소의 호스트나 가족들. 집안은 자유롭게 촬영해도 문제 없으나, 주변을 돌아다닐 때에는 카메라를 함부로 들이대지 마십시오. 특히 여성에게는요.

외국인 관광객에게도 자신들의 문화를 존중해 줄 것을 당당히 요구하는 이 마을의 자존심이 느껴졌다. 유바잘리는 한때 인도에 서부터 건너온 집시들이 오랫동안 머문 곳이었다. 그래서 이곳 주민들은 지금도 주식으로 '난'을 먹는다. 고대 문명기의 수메르인에 서부터 로마인, 아르메니아인, 인디안 집시, 그리고 오늘날의 쿠르드인에 이르기까지, 유바잘리 땅의 주인은 수없이 바뀌어 왔다. 그렇게 내쫓고, 쫓겨나길 반복한 끝에 최종적으로 이 땅을 차지한 쿠르드인들이 지금은 지상에서 가장 핍박받는 불운한 민족이라는 것은 역설적이었다.

유바잘리는 이전까지만 해도 쿠르드인들이 모여 사는 평범한 동족 마을일 뿐이었지만, 이 지역 일대를 전쟁 기지로 삼은 PKK 때문에 졸지에 미운 오리 새끼가 되었다. PKK는 1984년 터키, 이란, 이라크 일대의 쿠르드인들을 모아 독립 국가를 창설하고자 조직된 무장 투쟁 단체이다. PKK는 쿠르드인들을 억압하는 국가에 맞

서 그 국가와 갈등하는 반대편 국가를 무력 지원하는 방법으로 영향력을 키워 왔다. 사담 후세인의 집권 시절에는 이라크와 이란 간의 전쟁에서 이란을 지원했다는 이유로 엄청난 쿠르드인들이 학살당하기도 했다. PKK의 무력 항쟁이 계속되고, 이로 인해 민간인 사망 규모가 점점 커지자 1990년대 말부터 터키 정부는 PKK를 테러 집단으로 간주해 대대적인 소탕 작전을 벌였다. 1984년 이후 3만 7천 명 이상이 터키 정부와 PKK 사이의 분쟁 때문에 사망했다. 2013년 케냐에서 체포된 PKK의 지도자 오잘란Abdullah Öcalan과 터키 정부가 마침내 평화 협상에 착수했으나, 같은 달 프랑스 파리에서 PKK의 창당 멤버가 포함된 쿠르드족 여성 인권 활동가 세 명이 피살된 채 발견되면서 관계는 다시 원점으로 돌아갔다.

그러는 동안 쿠르드인들은 버려지고, 유바잘리의 땅도 말랐다. 페티와 함께 마을을 산책하는데, 언덕 아래로 주민들 사이에 심각한 언성이 오가고 있었다.

"페티, 무슨 일이야?"

"물 때문이야. 물이 부족해지면서 마을에 물탱크를 설치해 두고 윗마을, 아랫마을 하루씩 번갈아가며 물을 쓰기로 했는데, 물길을 돌리는 일을 맡은 사람이 규칙을 어기고 이틀 내내 윗마을 사람들만 물을 쓸 수 있게 했대."

아타튀르크 댐 때문이었다. 석유를 가지고 배짱을 부리는 이라크와 시리아가 내내 밉상이던 터키 정부가 막대한 돈을 들여 건설

한 이 댐은 티그리스강과 유프라테스강의 물길을 끊어 두 나라뿐 아니라 유바잘리로 흐르는 물까지 마르게 했다. 이 일로 유바잘리의 쿠르드인들은 터키 정부가 자신들을 국민으로 여기지 않는다는 사실을 뼈저리게 실감해야 했다.

터키 정부는 PKK가 GAP 예산을 중간에서 빼돌려 무기를 사고 테러 집단을 지원한다고 생각해 유바잘리 일대의 모든 개발 사업을 중단시켰다. 유바잘리에 전기가 들어온 것은 1982년, 수도관이 설치된 것도 고작 2007년의 일이다. 하지만 지금도 마을에는 정전과 단수가 일상이다.

그러나 마을의 가장 큰 문제는 전기나 물과 같은 기반 시설의 부재보다 이 지역에서 자라는 아이들이었다. 유바잘리에 사는 어른들 중 반 이상은 문맹이다. 글을 아는 어른들도 하루 대부분의 시간을 농사 짓고, 가축을 돌보고, 살림하는 데 쓰다 보니, 사실상 아이들을 집에서 제대로 교육할 여력이 없다. 터키 정부가 콘크리트 덩어리 같은 초등학교를 하나 지어 주긴 했지만, 학교를 운영할 예산은 주지 않아 그마저도 유명무실이었다. 유바잘리의 아이들은 다른 지역 아이들이라면 한창 학교에 있어야 할 시간에도 마을 주변을 하릴 없이 배회하며 하루를 보냈다.

도착한 첫 날, 페티의 일곱 살 난 막내 동생 아이린은 엄마의 치맛자락을 붙잡고 자신을 우르파 삼촌 집에 보내달라며 떼를 쓰고 있었다. 아이린은 우르파에 있는 초등학교에 다니면서 이미 더 넓고 풍요로운 세상을 경험해서인지 단조롭기만 한 유바잘리에서의 생활을 몹시 지겨워하는 듯했다. 아이린뿐 아니라 페티와 같은 젊은 세대들도 배움을 갈망하고, 돈도 벌고, 자유로운 연애도 하고 싶은 마음에 도시를 꿈꾼다. 하지만 도시에 간다고 뾰족한 수가 있는 것은 아니다. 도시로 나간 대부분의 쿠르드인들은 도시 생활에 적응하지 못하고 대게 3D 업종에서 힘들게 일하거나 길거리의 부랑자로 전락하는 것이 현실이었다.

예전에 이스탄불에 사는 잔에게 평범한 터키인들은 쿠르드인들에 대해 어떻게 생각하는지 물어본 적이 있었다.

"글쎄, 보통 '전형적인 쿠르드인'이라고 하면 세련되지 못하고, 무식하고, 못생기고, 냄새나고……, 뭐 그런 이미지를 떠올리지. 그렇다고 법적으로 차별이 있는 건 아니야. 그들도 자격만 갖춘다면 교수든, 엔지니어든 얼마든지 좋은 직업을 가질 수 있어. 우리 대학 교수들 중에도 쿠르드인들이 꽤 있고. 다만 쿠르드인들이 터키인*들에 비해 뒤떨어진다는 편견이 있는 것은 사실이야. 그리고 쿠르드인들은 확실히 자기 민족이 역사적으로 억압받아 왔다는 피해 의식 때문인지 다소 삐딱한 경향이 있어. 급진적이고 말이야."

● 여기에서 말하는 '터키인'은 터키 국민이 아니라 민족적 개념의 터키 민족Turks를 의미한다.

대학원 과정을 밟으며 연구원으로 일하는 쟌은 중산층의 교육자 집안에서 자랐고, 교육자로서 중립을 지키려고 노력한 부모님의 영향을 받은 탓인지 종교나 인종, 정치적 이념에 관한 한 다른 터키 사람들에 비해 꽤 상대적인 태도를 보였다. 그런 쟌조차도 쿠르드인들에 대한 편견을 가지고 있다는 데 조금 놀랐다. 물론 쟌은 쿠르드인들이 차별을 받고 있다는 사실을 모르지는 않았다. 성장 환경의 차이, 턱없이 부족한 학교, 쿠르드어로 수업을 받을 수 없는 교육 현실이 쿠르드인들을 자연스레 경쟁에서 밀려나게 하고 있다는 것이었다.

"그렇게 경쟁에서 밀려나니 편견이 생기고, 그 편견이 다시 쿠르드인을 차별하는 근거가 되고 있는 것이지."

쿠르드인인 페티는 그러한 악순환을 누구보다 잘 알고 있었고, 이를 조금이라도 극복하기 위해 〈노마드투어〉와 손을 잡은 것이었다.

유바잘리에 머무는 동안 페티와 나, 그리고 당시 나와 함께 페티의 집에 묵고 있던 마틴은 마을 아이들을 위해 무언가를 해보기로 했다. 세 사람 가운데 일일 미술 교실을 열어보자고 먼저 아이디어를 낸 것은 페티였다. 페티는 유바잘리를 다녀간 여행자들의 후원으로 마련했다는 색연필, 사인펜, 스티커 따위의 도구들을 챙겨 왔고, 우리는 집 앞 과수원에 돗자리를 깔고 동네 아이들을 불러 모았다. 아이들이 삽시간에 몰려 왔다. 그림을 완성하면 연필을 상품으로 주겠다고 약속하고, 각자가 원하는 그림을 그리도록 놔두었다. 처음에는 어떻게 시작해야 하나 난감해하더니 아이들은 금세 저마다의 상상력으로 도화지를 알록달록 채워 나갔다. 나뭇잎 사이로 들어오는 햇빛에 비친 아이들 얼굴은 잘 익은 사과처럼 탐스럽고 반짝반짝 빛이 났다.

안타깝게도 내가 유바잘리에 다녀오고 1년쯤 지났을 무렵, 페티는 엘리슨과 갈라섰다.

"결국 우리 가족들은 이용만 당한 거야."

페티는 엘리슨에게 단단히 화가 나 있었다. 비슷한 시기, 유바잘리와 거의 맞닿아 있는 시리아의 상황은 최악으로 치닫고 있었다. '아랍의 봄'으로 촉발된 평화로운 민주 시위가 바샤르 알 아사드 대통령의 퇴진을 요구하는 반정부 시위로 확산되면서 내전이 장기화되었고, 권력과 정치 이념, 종파 갈등이 복잡하게 얽히면서 분쟁의 골은 더욱 깊어졌다. 시리아 사태로 유바잘리를 찾는 여행자들의 발길이 뚝 끊겼다. 그간 여행자들에게 숙식을 제공해 얻은 수입으로 살림을 꾸려오던 페티네 가족에게는 사망 선고와 같았다.

"전쟁은 끝날 기미가 보이질 않고, 나는 언제 올지도 모르는 여행자들을 마냥 기다리고 있을 수만은 없었어. 우리 집에서 밖에 나가 돈을 벌 수 있는 사람은 나뿐이니까. 그래서 엘리슨에게 도시로 가 일자리를 찾겠다고 했지. 엘리슨은 뭘 하든 내 자유

스무 살, 흔들리는 청춘의 여행 인문학

지만 내가 그동안 일을 해 온 데 대해서는 아무런 보상도 해 줄 수 없다더군. 나는 2년 내내 여행자들을 따라다니며 봉사만 한 셈이지. 난 이 일에 내 모든 미래를 걸고 있었다고!"

페티는 해안가 도시의 리조트들을 떠돌며 닥치는 대로 일을 했다. 그러던 중에 지난 3월, 우르파에서 열린 지방 선거 과정에서 정당 지지자들 간에 무력 충돌이 있었고, 페티는 그 사건으로 삼촌 세 명을 한꺼번에 잃었다. 다시 유바잘리로 돌아온 페티는 가족들과 함께 그 어느 때보다 힘겨운 시간을 보내고 있는 듯했다.

페티의 부모님과 저녁 식사에 쓰일 달걀을 찾고 있을 적에 마주한 황금빛 논, 밀대들이 서로 몸을 부비며 내던 소리, 마을에서 가장 높은 언덕에 올라 바라본 석양과 그 아래로 어린 아이가 양떼를 몰고 집으로 돌아가던 평화로운 정경, 그리고 옥상에 누워서 잠들기 전 바라본 무수한 별들과 아침 여명에 자동으로 눈을 뜨며 느꼈던 상쾌함까지, 유바잘리를 떠난 지도 벌써 몇 년이 흘렀지만 아직까지도 그곳에 머무르는 동안 보고 느낀 풍경과 감정들 하나하나를 고스란히 기억한다. 굳이 엘리슨을 통하지 않고서라도 많은 사람들이 유바잘리에 발걸음을 해 주면 좋겠다. 유바잘리는 버려지고 잊혀지기에는 너무나도 아름다운 땅이기 때문이다.

열 시간이 넘는 비행을 해야 할 때에는 옆자리에 어떤 사람이 앉느냐가 상당히 중요하다. 이스탄불에서 한국으로 돌아가는 비행기의 내 옆자리는 이륙 시간이 가까워 오도록 비어 있었다. 재미있는 말동무가 있다면 지루하지 않겠지만, 한편으로는 열 시간 내내 두 자리를 차지하며 편히 갈 수 있겠다는 생각에 반갑기도 했다. 그때 한 남자가 짐을 넣을 자리를 찾지 못해 난감해하고 있었다. 그가 바로 내 짝꿍 하메드였다.

하메드는 이집트인이었다. 정장 차림으로 비행기에 오른 것이 여행자로 보이지는 않아 무슨 일로 한국에 가느냐고 물었더니 서투른 영어로 사업차 간다고 했다. 하지만 하메드의 말을 조합해 보니, 그는 잠재적인 미등록 이주민이었다. 관광 비자로 입국해 일자리를 찾아볼 생각이라는데, 그동안 하메드처럼 무작정 한국에 왔다가 고생만 하고 떠난 이들을 수없이 봐 왔던 터라 나는 그를 나무랐다.

"왜 하필이면 한국을 골랐어요? 비자가 나오지 않을 게 뻔한 걸요. 항공료가 얼만데 이렇게 무모한 짓을 해요."

"나도 알아요. 하지만 한국은 정말 좋은 나라라고 들었어요. 큰회사도 많고, 일자리도 많다고요. 그리고 한국에서 일하는 이집트 친구가 일단 공항 밖으로만 나오면 이후 일은 자기가 책임지고 도와주겠다고 했어요."

내가 살고 있는 나라가 누군가에게 이토록 간절한 기회의 땅으로 여겨진다는 사실이 낯설었다. 하지만 결코 자랑스럽지는 않았다. 이주 노동자들에 대한 한국 기업들의 부당한 처우나 늘 사람보다 법을 우선시하는 정부의 출입국 정책을 잘 알고 있었기 때문이다. 한편 하메드는 무바라크 시절의 안정을 그리워하며 '아랍의 봄'을 원망하고 있었다. 그는 이집트가 불과 몇 해 전까지만 해도 아랍 연맹에서 얼마나 큰 힘을 가진 이슬람 국가였는지에 대해 이야기했다. 권력, 자본, 국가 같은 거대한 것들이 무너지는 것은 정말 한순간이었다.

"나를 좀 도와줄 수 있어요? 출입국 심사를 받을 때 같이 가서 나와 아는 사이이고, 내 신용을 보증할 수 있다고만 말해 주면 되요. 3개월 안에 반드시 이집트로 돌아갈 거라고 그들을 안심시켜 주세요."

하메드가 말했다.

"아이고, 생각을 해 봐요. 당신이랑 나랑 오늘 처음 만난 사이인데 그들이 내 말을 어떻게 믿겠어요? 그 사람들은 그렇게 순진하지 않아요. 만약에 한국인 연락처를 요구하면 내 걸 알려 줘요. 내가 도와줄 수 있는 건 거기까지예요. 하메드, 두 번 다시 이렇게 무모한 짓 하지 말아요."

이내 기내식이 나왔고, 나는 그의 얼굴을 보며 무슬림들이 하는 대로 "비스밀라(Bismillah, 자비롭고 자애로운 하나님의 이름으로)"를 외쳤다. 순간 하메드가 그렁그렁한 눈으로 내 이마에 입을 맞추고는 말했다.

"살람 알레이쿰.(As-salamu alaykum, 당신에게 하나님의 평화가 깃들기를)"

나는 점점 하메드가 부담스러워져 말을 걸세라 내내 잠만 잤다. 그에게 궁금한 것들을 잔뜩 물어봐 놓고 이제 와 귀를 닫는다는 게 이기적으로 느껴졌지만, 더 이상 그와 엮여선 안 된다고 생각했다. 헛된 기대심만 심어 주는 꼴이 될 수도 있기 때문이었다. 비행기가 한국에 가까워 오자, 하메드가 카네이션 한 송이를 수줍게 내밀었다. 기내 화장실에 꽂혀 있던 것이었다. 마침내 출입국 심사대에서 하메드와 헤어지게 되었을 때 내가 할 수 있는 말은 단 하나였다.

"인샬라.(Inshallah, 모든 것은 신의 뜻대로)"

그리고 그날 저녁, 인천공항 출입국사무소에서 전화가 왔다.

스무 살, 흔들리는 청춘의 여행 인문학

"아가씨, 여기 하메드라는 이집트 사람이 아가씨랑 친구라는데, 맞아요? 이 사람, 안됐지만 이미 법무부에서 입국 불허 판정이 내려진 사람이기 때문에 여기서 아무리 버티고 떼를 써도 돌아가는 수밖에 없어요. 오늘 저녁 비행기가 바로 연결된다니까 괜히 힘 빼지 말고 빨리 돌아가라고 잘 타일러 봐요."

하메드는 문전박대를 당하면서도 기어코 하루를 더 버티고는 다음 날 카이로로 돌아간다고 내게 전화를 주었다. 하메드의 절박했던 그 눈이 지워지질 않는다. 민아

3

잊혀진
사람들의 땅

아홉 번째 _____
지도에도 없는 곳

베오그라드와
사라예보

"우웩!"

소피아를 출발해 세르비아의 수도 베오그라드로 향하는 기차 안, 뭣 모르고 벌컥벌컥 마신 우유 탓에 달려간 화장실에서, 나는 뱃속에 있는 걸 다 토해 버릴 정도로 끔찍한 광경을 보았다. 여기가 유럽이라니! 오물들이 난무하는 화장실하며, 통로에서 마리화나를 줄기차게 피워 대는 남자에, 고약한 냄새를 뿜어 대는 침대까지, 기대했던 동화 같은 기차 여행은 어디론가 사라져 버리고 대신에 불쾌감과 두려움이 엄습했다. 아무런 안내 방송도 내보내지 않는 불친절한 기차 덕분에 역을 그냥 지나칠까 봐 밤새도록 노심초사해야 하는 것은 덤이었다. 에티오피아에서도 이렇게 긴장을 하며 여행하지는 않았었는데…….

하지만 베오그라드에 도착하고 나서는 그 모든 걸 감수하고서라도 이곳에 오길 잘했다고 몇 번이나 생각했다. 적어도 여행자에

스무 살, 흔들리는 청춘의 여행 인문학

게는 그랬다. 성수기에도 7유로 정도에 머물 수 있는 호스텔, 평화로우면서도 활기가 넘치는 도시의 정경과 사바강과 다뉴브강의 물길이 만나 이루는 장관, 엄청난 크기의 호수, 예쁘고 잘생긴 선남선녀들, 그리고 극도의 친절함 때문이었다. 기차역에서 만난 일본인 사치코 언니와 함께 숙소를 찾느라 두 시간을 헤맬 적에 설거지를 하다 말고 비누 거품이 묻은 손으로 뛰어나와 길을 알려 준 할아버지, 운전을 멈추고 내려서 버스 정류장까지 가는 길을 일러 준 트램 기사, 해피라는 이름의 스무디를 주문한 내게 "네가 해피를 주문하니 나도 해피해"라며 달콤한 인삿말을 건네 준 꽃미남 카페 직원, 풍경만큼이나 아름다운 사람들이었다. 덕분에 워크캠프에 가기 전 지나치는 길목 정도로만 생각했던 베오그라드에 일주일이나 머물게 되었다.

하지만 그처럼 아름답던 곳도 익숙해지니 그간 보이지 않던 것들, 가려져 있던 그림자들이 드러났다. 파괴된 건물들이 신시가지 덕분에 눈에 띄지 않는 것처럼, 전쟁이 남긴 흉물스런 상처들이 곳곳에 남아 있는데 도시는 애써 괜찮은 척을 하고 있는 것 같았다. 베오그라드에선 내 또래 젊은이들이 쓰레기통을 뒤져 마른 목을 적시고, 구걸을 하는 것이 풍경의 일부였다. 카페에서 커피를 마시고 있는데, 열대여섯 살 쯤 되어 보이는 남자아이가 다가와 얼마나 오래 가지고 다녔는지 손때가 타 꼬질꼬질해진 코팅된 종이를 들이밀었다. "HELP ME. I NEED BREAD. I HAVE A SISTER."

"길에 보이는 부랑자들 중에 절반은 로마인(집시)들이고, 절반은 다른 나라에 살던 세르비아인*이에요. 멍청한 짓을 한 거죠. 결국 우리들이 일으킨 전쟁에 모든 걸 잃고 난민으로 떠돌아다니게 된 건 우리 자신이었으니까요. 다리 밑에 가 봐요. 20년이 지났는데도 여전히 난민들이 바글바글하죠."

호스텔 사장 미르코가 전후 5주년을 기념해 담갔다는 55도짜리 라키야**를 들이키며 말했다. 베오그라드의 난민들 대부분은 세르비아 정부로부터 어떠한 보호도 받지 못하고 법적으로 존재하지 않는 사람으로 살고 있다. 미르코가 말을 이었다.

"나는 낮에는 회사에서 보험 설계사로, 밤에는 호스텔 사장으로 살아요. 이 건물 주인은 의사인데, 외국에 몇 년 있다 온다기에 사촌들이랑 돈을 모아 집을 빌려 이 호스텔을 차렸죠. 호스텔만 해서는 한 달에 백만 원 정도밖에 못 벌지만, 회사에서 나오는 월급이 50만 원 정도이니 할 만한 거죠. 일자리를 얻지 못하는 사람도 수두룩한걸요."

발칸을 여행하면서 만난, 유고슬라비아 국민으로 더 오랜 시간을 살아온 중년 이상의 사람들은 하나같이 이렇게 말했다.

"그 시절(유고슬라비아 시절)엔 국민 90퍼센트가 행복했다고! 발

●   이 책에서 세르비아인이란 세르비아 국민이 아니라 민족적 구분에 따른 세르비아인Serb을 말한다. 크로아티아인Croats, 보스니아인Bosnjak도 마찬가지이다.
●●   발칸 사람들이 즐겨 마시는 전통 과일 발효주

스무 살, 흔들리는 청춘의 여행 인문학

칸 반도 전체가 더없이 풍요로운 낙원이었지."

지금도 자연환경만 놓고 보면 발칸은 하나도 아쉬울 것이 없는 땅이다. 하지만 유고슬라비아를 이끌던 티토의 죽음 이후, 발칸은 끔찍한 인종 학살과 자본주의라는 괴물에 연이은 습격을 받아 지금은 그 여파로 혹독한 빙하기를 견디는 중이다. 여행 중에 만난 스물일곱 살의 보스니아인 지에스다나는 이런 말을 했다.

"유고슬라비아 시절의 키워드가 '평등'이었다면, 지금은 '경쟁'이야. 우리는 싸우는 법도 모르고 사냥터에 그냥 내던져진 거지."

체제의 붕괴, 전쟁, 자본주의와 신자유주의까지, 이 땅엔 모든 게 너무 한꺼번에 찾아왔다. 대학에서 문학을 전공한 지에스다나는 학교를 수석으로 졸업했지만 3년이 지나도록 아무런 직업도 갖지 못한 상태였다. 그녀의 하루 일과는 집에서 키우는 양들을 돌보고, 담배를 태우고, 담배를 태우고, 또 담배를 태우는 것뿐이었다. 지독한 무기력이 지에스다나의 삶을 갉아 먹고 있었다.

우연히 마주하게 된 전쟁의 흔적들과 미르코의 이야기 탓에 그저 즐거울 수만은 없었던 베오그라드를 떠나 크로아티아의 작은 마을을 거쳐 사라예보로 향했다. 기차 안의 공기는 무겁게 가라앉아 있었다. 낡은 에어컨은 공기를 식히기도 전에 툭하면 작동을 멈췄고, 사람들은 가지고 있는 모든 도구들을 동원해 부채질을 해댔다. 마침내 기차가 출입국 심사를 위해 국경에 멈춰 서자 지쳐 있

던 승객들이 밖으로 우르르 쏟아져 나와 담배를 물었다. 처음 만난 보스니아 헤르체고비나의 풍경은 초록빛 산, 짙푸른 강, 빨간 지붕들이 오밀조밀 어우러져, 마치 부드럽게 채색된 유화처럼 보였다. 사라예보에 도착한 것은 예정보다 한 시간 늦어진 저녁 11시가 되어서였다. 사방이 새카만 어둠뿐이었다. 같은 기차를 타고 온 이들은 순식간에 사라졌고, 중앙역에는 나 혼자 덩그러니 남았다.

　여행을 오기 전까지만 해도 '보스니아 헤르체고비나'라는 이름은 들어본 적이 없었고, 애초에 워크캠프가 열리는 크로아티아에 가기 위해 지나가는 관문 정도로만 생각했기 때문에 수도인 사라예보에 대해서도 문외한일 수밖에 없었다. 불가리아에서 카우치서핑으로 만난 호스트에게서 사라예보는 전쟁으로 인해 아직 많이 불안한 곳이니 되도록 그냥 지나쳐 가라는 충고를 들었을 뿐이었다. 그렇게 준비 없이 왔으니 자정이 가까워 오는 시간까지 당장 오늘 밤 묵을 숙소를 찾지 못해 방황하는 것이 당연했다. 유별나게 느껴질 만큼 거대한 미국 대사관을 지나, 일단 사람들이 보이는 대로변으로 가서 아이팟을 켰다. 주변 숙소를 찾아보려 했지만, 귀신에 홀린 것처럼 지도만 열면 도로명 외에는 아무것도 나타나지 않았다.* 지나가는 사람들에게 길을 물어 겨우겨우 호텔에

●　2012년 당시만 해도 구글에서는 전쟁의 영향으로 사라예보의 항공사진이나 상세한 지도 서비스가 제공되지 않고 있었다.

짐을 풀었고, 잔뜩 긴장했던 탓인지 그날은 그대로 침대에 고꾸라져 잠이 들었다. 잠결에 사라예보의 선선하고 부드러운 바람이 열어 둔 창을 타고 불어 들어오는 것을 느꼈다.

몸이 뻐근해질 때까지 실컷 잠을 잔 다음 날, 올드타운이라 불리는 구시가지에서 헤어졌던 사치코 언니를 다시 만났다. 갑자기 쏟아진 소나기에 카페에 앉아 케이크를 먹고 있는데 언니가 말했다.

"나는 여기가 왠지 불안하고 불편해. 내일 아침 기차로 곧장 크로아티아로 떠날 거야."

그도 그럴 것이 도시에는 시내 중심지며, 주택가며 할 것 없이 크고 작은 총알 자국들이 선명하게 남아 있었고, 폭격으로 처참히 무너져 내린 건물이나 깨진 유리창도 철거되거나 수리되지 않은 채 그대로였다. 그 곁을 지나는 시민들의 얼굴이 너무도 평온해 보이는 것이 괴이하게 느껴질 정도였다.

사라예보는 1992년부터 1995년까지 무려 1,365일간 세르비아군에 의해 원천 봉쇄되었던 역사를 가지고 있다. 원래 사라예보는 100미터 안팎으로 이슬람 사원과 가톨릭 성당, 정교회와 유대교회당이 옹기종기 모여 있는, 종교적 관대함을 자랑하는 도시였다. 하지만 전쟁 기간 사방의 도로는 물론이고, 강과 하늘을 포함해 세상 밖으로 탈출하는 모든 길을 차단당한 사라예보 안에서 무려 1만 5천 명 가까이 되는 사람들이 단지 보스니아인(무슬림)*이라는 이유로 학살을 당했다. 지금은 역사 유적지이자 유명

스무 살, 흔들리는 청춘의 여행 인문학

한 관광지가 되었지만, 800미터에 달하는 좁고 긴 광산 터널은 당시에 시민들이 오직 살아남고자 하는 의지 하나로 지켜 낸 유일한 탈출구였다.

세르비아 군인들은 보스니아인들의 씨를 말리겠다며 보스니아인 여성들에게 '전략적인' 강간을 일삼았고, 그렇게 해서 임신한 여성들은 아이를 지우지 못하도록 출산할 때까지 수용소에 감금되었다. 영화 〈그르바비차Gravabica〉**의 주인공 '사라'는 당시에 그런 운명으로 태어난 보스니아의 수많은 아이들 중 한 명이다.

사치코 언니를 보내고 호텔로 돌아가는 길, 소나기가 걷히고 난 뒤에 찾아온 일몰로 사라예보 전체에 노랗고 빨간 물이 들었다. 티토 치하의 공산주의 시절 지어진 회색 건물들과 전쟁 이후 새로 올라가기 시작한 고층 건물들이 과도기에 놓인 보스니아의 오늘을 대변하는 듯했다. 나는 점점 여기, 발칸 사람들의 이야기가 궁금해지기 시작했다.

- 발칸 전쟁 당시, 세르비아가 학살 대상을 쉽게 가리기 위해 만들어 낸 민족 구분은 종교에 따른 단순 분류였다.(정교회=세르비안, 무슬림=보스니안, 가톨릭=크로아티안) 이러한 민족 구분은 전쟁을 종결시킨 데이튼 협정이 체결되면서 행정과 통치를 수월하게 하기 위한 수단이 됐는데 그 결과 서로 다른 민족 집안에서 태어난 세르비아, 보스니아 헤르체고비나, 크로아티아의 수많은 이들은 세르브, 보스냑, 크로아트 가운데 하나를 택하도록 강요당하거나 '기타'로 분류되었다.
- ** 야스밀라 즈바니치Jasmila Zbanic 감독, 2005

1991년
발칸에서 일어난 일

혁명가 티토는 2차 세계대전 직후 유럽의 동남쪽, 발칸에 위치한 여섯 개의 국가(보스니아 헤르체고비나, 크로아티아, 마케도니아, 몬테네그로, 세르비아, 그리고 슬로베니아)를 유고슬라비아 연방으로 통일하고 대통령에 취임했다. 그리고 1980년, 혁명가는 죽음을 맞이했고, 유고슬라비아도 함께 붕괴했다. 서서히 독립의 움직임을 보이던 여섯 개 국가는 1991년 소련연방이 무너지자 완전한 해체의 수순을 밟았고, 이 과정에서 더 많은 영토와 지배력을 갖길 원했던 세르비아에 의해 전쟁이 촉발되었다.

사라예보에서 만난 올리버 아저씨는 내가 사용하던 '내전Civil War'이라는 표현에 대해 "각 국가들이 이미 독립을 선언한 뒤에 일어난 일이기 때문에 이는 명백히 '전쟁'이다"라고 정정을 해 주었다. 또 어떤 학자들은 아예 전쟁 대신 제노사이드, 혹은 인종 청소 ethnic cleansing라는 표현을 사용하기도 한다. 그도 그럴 것이 전쟁

전 과정에서 보스니아인 무슬림들과 크로아티아인에 대한 대대적인 학살, 집단 강간과 강제 임신 등이 자행되었기 때문이다. 영화에서나 나올 법한 낭만적인 풍경들이 펼쳐지는 유럽의 한복판에서, 그것도 1990년대에 일어난 것이라고는 믿기지 않는 일이 벌어졌지만 그 내막을 정확히 아는 사람은 생각보다 많지 않다. 전쟁은 1991년부터 1995년까지 지속되었고, 사망자는 약 26만 명으로 추정되는데, 아직까지도 학살 현장에서 유해들이 발굴되고 있는 것을 고려하면 그 숫자는 계속 증가할 것이다.

나토와 유엔의 중재로 총성은 멈췄지만 대신 사람들의 정체성과 너나없이 어울려 살던 공동체가 분열되기 시작했다. 민족과 종교의 구분 없이 평화롭게 공존하던 세르비아, 크로아티아, 보스니아 이 세 나라 사람들은 이제 자신을 보스냑(Bosnjak, 보스니아인), 크로아츠(Croat, 크로아티아인), 세르브(Serb, 세르비아인), 이 세 가지 범주 중 하나에 끼워 넣지 않으면 안 된다. 제국주의 시절, 유럽의 열강들이 아프리카의 다양한 민족성을 고려하지 않고 자기들 마음대로 그들의 영토를 직선을 그어 마구 쪼개어 놓은 것과 비슷하다. 이제 발칸에서는 부모가 각기 다른 민족성을 지닌 경우 그 중간점을 찾는 것이 불가능하다. 다만 자신이 속한 사회에서 더 유리한 쪽을 택할 뿐이다. 마르티나의 친구는 크로아티아에서 15년간 자신의 어머니가 세르비아인이라는 것을 숨기고 살았다고 한다.

44개월 동안 세르비아군에 의해 완전히 포위되었던 사라예보는 이제 마침내 자유를 외치고 있다. 사라예보 공항에서 나를 태운 택시기사는 자신을 자랑스레 '보스냑'이라고 소개했다. 축구 경기가 있는 날이면 세르비아에 사는 크로아티아인의 집에는 크로아티아 국기가, 크로아티아에 사는 보스니아인의 집에는 보스니아 국기가 테라스에 걸린다. 하지만 한쪽에는 여전히 고향으로 돌아가지 못하고 있는 난민들이 무수히 많고, 그 시절을 지나온 거의 모든 발칸인들은 정도만 다를 뿐 전쟁의 트라우마로 고통 받고 있는 게 사실이다. 민아

열 번째 ____
다 같이 반성하고
다시 시작하자

크로아티아 스르브,
워크캠프

　보스니아에서 또 일주일을 머물다가 마침내 이번 여행의 최종
목적이었던 워크캠프에 참가하기 위해 크로아티아의 남부 도시 자
다르Zadar로 향했다. 버스는 자정이 넘어 자다르에 도착했는데, 이
곳에서도 숙소가 문제였다. 7월의 크로아티아 해안가는 관광객들
로 만원인 그야말로 극성수기였다. 가격이 적당하면 방이 없고, 방
이 있으면 가격이 너무 비쌌다. 결국 염치없이 버스에서 만난 디애
나의 남자 친구 집에서 하룻밤 신세를 졌다.
　보스니아인인 디애나는 방학 때마다 자다르에 와서 길거리에서
잡지를 팔거나 포스터를 붙이는 일로 돈을 벌다 지금의 남자 친구
를 만났다고 했다. 그날 밤, 나는 나무와 지푸라기로 엮은 오두막
집에서 잠을 잤다. 멀쩡한 건물 안에 떡하니 자리를 잡고 있던 그
오두막집은 집주인이 아내와 이혼한 뒤에 가끔씩 놀러오는 아들
을 위해 손수 지은 것이라고 했다. 덕분에 여름마다 옥상에 텐트

를 쳐 주던 아빠가 생각나 모처럼 포근한 잠을 잤다.

　다음 날, 자다르 버스 터미널에 12개국에서 온 캠퍼 19명이 모였다. 크로아티아, 스페인, 이탈리아, 우크라이나, 폴란드, 러시아, 캐나다, 벨기에, 영국, 아일랜드, 터키, 그리고 한국, 스무 살도 안된 어린 친구부터 마흔 살이 넘은 두 아이의 엄마까지, 우리 사이에 작은 지구가 만들어진 듯했다. 2주간의 캠프가 열리는 스르브 Srb는 차로 한 시간이면 보스니아 국경에 닿을 수 있는 곳이었다. 캠프 기간 폐교된 초등학교에서 숙식을 해결했는데, 오랫동안 사람 냄새를 담지 못해 서늘하고 꿉꿉한 기운을 내뿜는 시멘트 벽과 모서리마다 가득한 거미줄에서 전쟁의 흔적을 읽을 수 있었다.

　스르브는 전쟁 당시 세르비아군의 공격으로 학교와 공장이 모두 파괴되면서 어른 아이 할 것 없이 모두 고향을 떠나 이제는 노인들만 남은 마을이 되었다. 그렇게 홀로 남은 노인들은 학교 건물 지하에 마련된 헛헛한 추모의 공간에서 날마다 돌아가며 자기 가족과 이웃들의 영정 사진을 닦는다.

　캠프에 함께하는 이들 가운데에는 크로아티아인과 세르비아인이 섞여 있었다. 발칸 전쟁 이후로 두 민족이 오늘날까지도 앙숙처럼 지낸다는 사실을 생각하면, 캠프에서 가장 흥미롭고 인상적인 부분이었다. 특히 스르브같이 전쟁 피해가 심각한 곳에서 세르비아인에 대한 원망과 분노는 그저 미움의 차원이 아니다. 전쟁이 끝나고 나서 크로아티아와 보스니아에 살고 있던 수많은 세르비아 인들은 보복이 두려워 고향을 떠나 자신들을 허락하는 유일한 곳, 세르비아로 도망쳐야 했다. 베오그라드에서 보았던 난민들은 그런 식으로 삶을 파괴당한 이들이었다. 캠프의 매니저였던 쌍둥이 형제, 다르코와 밀란의 가족도 예외는 아니었다.

"이 마을에 살 때 우리는 초등학생이었어요. 그러다 베오그라드로 가서 대학을 마칠 때까지 고향에 돌아오지 못했죠. 비정부기구학을 공부해서 전쟁 피해를 복구하는 단체를 만들고 싶었어요. 그건 우리 고향을 되살리는 일이기도 했으니까요. 고향에 돌아오기까지 거의 15년이 걸렸네요."

다르코의 자기 소개였다. 캠프 리더 페트리샤와 참가자였던 가브리엘라, 마테아, 마르티나는 모두 20대 초반의 크로아티아인이었는데 캠프에 참가한 동기가 인상적이었다.

"싸움을 멈추고 싶어요."

"교과서 밖의 이야기를 들어보고 싶었어요."

"다른 나라 친구들과의 만남을 통해 크로아티아라는 나라를 다시 보고 싶었어요."

전쟁을 직접 경험하지 않은 젊은 세대들은 누구에게도 득이 되지 않는 서로를 향한 파괴적인 감정에 염증을 느끼고 있었다.

"돌이킬 수도 없는 과거 때문에 왜 우리는 태어난 순간부터 적을 만들고, 적이 되어야 하죠?"

오리엔테이션 현장에서 여섯 사람은 다른 외국인 참가자들 앞에서 손을 맞잡고 작은 선언을 했다.

"다 같이 반성하고, 다시 시작합시다."

그 말과 그들의 존재만으로도 나는 이 캠프의 의미를 이해할 수 있었다.

캠프에서 우리가 맡은 일은 우나Una강을 살리는 일이었다. 〈유네스코〉는 우나강이 래프팅과 캠핑을 즐기기에 아주 이상적인 조건을 갖추고 있다는 점에 착안하여 이 일대를 관광지로 개발해 보자는 아이디어를 냈다. 크로아티아와 보스니아를 지나 세르비아의 사바강 줄기로 이어지는 우나강을 살린다는 것은 분열된 발칸을 다시 잇는다는 의미이기도 했다. 마을 경제를 지탱해 주던 공장이 전쟁으로 모두 파괴된 상황에서, 마을에 새로운 산업이 들어선다는 것은 상당히 중요한 일이었다. 돈은 사람을 불러들일 것이고, 그렇게 사람들이 다시 모이면 관계하고 연대할 공동체가, 다음을 약속할 수 있는 새로운 세대가 생긴다는 뜻이기 때문이다.

2주 동안 캠퍼들은 오랫동안 사람의 발길이 끊겨 무성하게 자란 강가의 가시덤불과 잡초를 제거하고, 캠핑장으로 쓰일 땅을 고르고, 버려진 집들은 손을 봐 관광객들이 머물 수 있는 숙소로 꾸미는 일을 했다. 풀독이 오르고 손에 물집이 잡혀 장갑을 몇 겹씩 껴야 할 정도로 고된 일이었다. 당장 눈에 띄는 변화는 없어도, 우리가 기초를 잘 다져 놓으면 다음에 올 다른 캠퍼들이 차례차례 손을 보낼 것이라는 믿음이 있었다.

"자모라Zamora!"

힘들거나 한계에 부딪칠 때마다 외우던 주문이었다. 스페인의 평범한 도시 자모라는 캠프에 참가한 카를로스의 고향이었지만 우리에게는 결속과 우정의 상징이기도 했다.

"캠프가 끝나고 나면 각자의 자리로 돌아가겠지만, 우나강과 스르브 마을을 잊지 말자. 이곳의 변화와 성장을 지켜보고 응원하는 것으로 쭉 함께하자. 그리고 5년 뒤, 여름에 자모라에서 다시 만나 그때는 우나와 발칸을 위해 축배를 들 수 있었으면 좋겠어."

우리가 자모라를 사랑한 데에는 이유가 있었다. 우리가 함께했던 스르브는 자그레브, 두브로브니크, 자다르같이 잘 알려진 크로아티아의 도시들과 달리 크로아티아인들조차 어디 있는지 모르는 작고, 한적한 마을에 불과했지만 마을의 풍경이며, 사람이며, 무엇하나 아름답지 않은 곳이 없었다. 자모라 또한 마드리드, 바르셀로나, 발렌시아처럼 유명한 관광지는 아니었지만 그곳에서 자란 카를로스만 봐도 우리는 그의 고향이 얼마나 사랑스러운 곳인지 짐작할 수 있었다.

고된 노동을 마치고 숙소로 돌아오면 우리는 자연스레 라키야를 찾았다. 독한 술을 한 잔 들이켜고 나면 긴장하고 있던 몸이 느슨해지면서 조금은 들뜬 기분이 되었기 때문이다. 왜 발칸 사람들

스무 살, 흔들리는 청춘의 여행 인문학

이 라키야를 사랑하는지 알 수 있을 것 같았다. 몸과 마음의 피로를 잊기에 너무나 완벽한 술이었다.

우리들의 웃음소리와 노랫소리로 마을에 조금씩 활기가 생기자 '대체 저 외국인들이 우리 마을에 와서 뭘 하고 있는 거지?' 하는 표정으로 의구심에 차 바라보던 마을 주민들도 서서히 마음을 열었다.

"집에서 만든 건데, 일하다가 출출할 때 먹어요."

할머니 한 분이 갓 구워 따끈따끈한 딸기잼 도넛을 한바구니 들고 찾아오셨다. 전쟁에서 남편과 아들을 모두 잃은 분이었다.

"우리 아들도 자랐으면 여러분 또래였을 거예요."

감사 인사와 함께 허겁지겁 도넛을 입에 집어넣기 바쁜 우리를 보며 할머니가 조용히 말씀하셨다. 언뜻 보면 아름답고 평화로운 마을이지만 전쟁을 경험한 스르브 사람들은 저마다 가슴에 큰 멍울 하나씩을 안고 살아가고 있었다. 우리 술자리에 찾아와 다짜고짜 시비를 걸며 욕설을 퍼붓던 청년, 전쟁으로 잃은 남편과 아들의 영정 사진을 닦으며 눈물을 흘리던 할머니들, 자신이 젊은 시절 엘비스 프레슬리와 막역한 친구였다 말하고 다니는 불가사의한 듀스코 아저씨, 이들에게 현실은 여전히 끝나지 않은 전쟁의 한가운데 있는 것 같았다. 다르코와 밀란은 시간이 날 때마다 주민들에게 다가가 우리의 프로젝트를 소개하고, 주민들의 이야기를 들어주곤 했다.

하루는 이제 막 스무 살이 된 아들을 데리고 한 어머니가 우리 숙소에 찾아왔다.

"우리 아들인데, 이름은 데니스예요. 혹시 데니스도 이 캠프에 함께할 수 있을까요?"

세르비아인인 데니스네 가족은 전쟁 중에 베오그라드로 이사를 갔다. 세르비아인이 일으킨 전쟁으로 고통받는 이웃들에게 죄책감이 들었기 때문이다. 그러다 스르브에서 이웃해 살던 다르코와 밀란의 소식을 듣고는 고향에 돌아오기로 마음을 먹었다고 한다. 이사 오기 전까지만 해도 데니스는 마을을 위해 무언가 좋은 일을 해보겠다는 의욕에 가득 차 있었다. 하지만 다시 찾은 고향에서 방황의 시간은 길었다. 어머니의 절박한 표정과 데니스의 불안한 표정을 번갈아 읽은 우리들은 망설이지 않고 데니스를 캠프에 합류시키기로 결정했다.

다음 날부터 데니스는 우리와 함께 움직였다. 고향에 돌아온 뒤로 내성적으로 변했다는 어머니의 우려와는 달리 데니스는 말도 곧잘 하고, 다르코와 밀란을 따라다니며 궁금한 것들을 꼬치꼬치 캐묻는 적극적인 모습을 보이기도 했다. 어느 날 데니스가 가족들에게는 하지 못했던 속 이야기를 우리 앞에서 털어놓았다.

"여기 와서 친구가 없었던 건 아니에요. 하지만 또래 아이들은 늘 마약, 술, 아니면 섹스에 빠져 살았어요. 그들과 함께 어울려 다니다 보면 나도 언젠가는 그런 모습이 되어 가겠구나 싶어 덜

컥 겁이 나더라고요."

데니스의 말대로 마을에 몇 명 되지 않는 젊은이들은 낮에는 집에서 빈둥거리다가 밤이면 디스코장을 찾았다. 처음에는 그런 그들의 모습이 한심해 보였지만, 그건 전쟁을 겪어 보지 않은 나 같은 사람이 함부로 말할 수 있는 문제가 아니었다. 전쟁의 잔인함은 무너진 건물이나 희생자들의 영정에서만 찾을 수 있는 것이 아니었다. 폐허가 된 땅에 증오만 남은 공동체를 유산으로 물려받은 젊은 세대 역시 전쟁의 피해자였다.

캠프의 마지막 주말, 우리는 마을 주민들로부터 특별한 초대를 받았다. 스르브에서 가장 큰 축제가 열리는 날, 우리도 마을 주민의 일원으로 한 팀이 되어 게임에 참가해 주었으면 좋겠다는 것이었다.

영국에서 온 존과 스페인에서 온 후안이 대표로 이 지역 전통 놀이인 맨발로 나무 오르기 시합에 출전했고, 나머지 캠퍼들은 주민들과 함께 음식을 만들며 응원을 했다. 우리는 그곳에서 처음으로 술에 취하지 않고 무언가에 열심인 마을 청년들을 만날 수 있었다. 마을 일에는 도통 아무런 관심이 없고, 디스코장에서 만나면 여자 캠퍼들에게 수작을 걸기에 바빴던 이들도 이곳에서는 어르신들과 함께 마을 전통 복장을 입고, 음식을 나르고, 다음에 이어질 행사들을 준비하며 구슬땀을 흘리고 있었다.

다르코가 앞으로 나가 마이크를 잡고 우리가 함께한 프로젝트, 우나 2012의 목적이 무엇인지, 우리가 2주 동안 어떤 일들을 해 왔

고, 앞으로 어떤 과제들이 남았는지를 주민들에게 설명했다. 라키
야에 기분 좋게 취한 어르신들 몇 분이 일어나 캠퍼들에게 박수를
쳐 주었다. 마을 대표들도 일어나 캠퍼들 한 명, 한 명을 꼭 껴안아
주었다. 프로젝트의 끝을 보지 못한 채 내일이면 이곳을 떠나야
한다는 사실은 아쉬웠지만, 앞으로 스르브 마을에 찾아올 변화가
우리 마음을 설레게 했다.

"잊지 않겠습니다."

헤어질 때 우리에겐 많은 말이 필요하지 않았다. 스르브 마을의
역사와 그곳에서 살아가는 사람들, 그리고 우리가 함께했던 우나
2012 프로젝트에 보낼 수 있는 최선의 경의는 이곳에서 보고, 듣
고, 경험한 것을 잊지 않겠다는 그 말 한 마디만으로도 충분했다.

열한 번째 _____
살아남은 자의 의무

보스니아 모스타르,
미란의 이야기

2013년 3월, 나는 다시 발칸에 있었다. 미란을 만난 건 트라브
니크Travnik에서 일주일을 보내고 남부 도시 모스타르Mostar의 터미
널에 도착했을 때였다. 호스텔을 운영하는 미란은 예약 손님을 마
중 나온 참이었고, 갑자기 찾아온 감기 기운에 다른 숙소를 알아
볼 기력이 없던 나는 그의 호스텔에 묵기로 했다.

'미란 13번지'

도착한 건물 앞에서 번지수가 적힌 안내판을 가리키며 그가
"내 이름은 미란이고, 이 호스텔의 주인이자 미란 13번지의 가장
입니다"라고 자신을 소개했다. 비좁은 골목의 벽에는 20여 년 전의
총탄 자국이 선명하게 남아 있었다. 미란이 벽에 붙어 있는 현판
을 가리켰다.

"바로 여기에서 내 가장 친한 친구가 죽었지요. 전쟁이 끝난 뒤
에 이웃들이 십시일반 돈을 모아서 이걸 만들었어요."

호스텔 안으로 들어와 따뜻한 챠이(차)를 내어온 미란이 말을 이었다.

"모스타르는 전쟁 동안 두 차례나 공격을 당했어요. 한 번은 세르비아가, 그 다음에는 우리와 같은 편이라고 생각했던 크로아티아가 이곳을 침공했지요. 지금은 모스타르에서 가장 유명한 호스텔 중 하나를 운영하고 있지만, 나 역시 전쟁 기간 내내 난민으로 살았답니다. 마실 물도 없어서 살아남기만을 기도했던 적도 있었어요."

미란은 전쟁이 끝난 뒤 악착같이 돈을 모아 유럽 전역의 유명하다는 여행자 숙소들은 다 돌아다닌 끝에 이 호스텔 사업을 시작했다고 한다.

"그런데 벽에 붙은 프로그램 중에 전쟁 투어War Tour는 뭐예요?"

"그건 우리 호스텔에서만 할 수 있는 특별한 경험이에요. 예전에 옥스퍼드에서 정치학을 공부한다는 학생 두 명이 발칸 전쟁에 대한 논문을 쓰기 위해 우리 호스텔에 머문 적이 있었어요. 모스타르까지 와서 고작 외국 언론사의 기사를 읽거나 다른 여행자들의 말을 기록하고 있더군요. 정말로 우리 이야기가 궁금한 거라면 우리에게 물어봐야죠. 그 친구들처럼 발칸 전쟁을 궁금해하는 이들에게 전쟁을 직접 경험한 내가 내 이야기를 들려주면 어떨까 하고 시작한 것이 이 투어였어요."

미란은 크로아티아인이 말하는 전쟁과 세르비아인이 말하는 전

스무 살, 흔들리는 청춘의 여행 인문학

쟁, 그리고 자신과 같은 보스니아인이 말하는 전쟁이 저마다 다르기 때문에 어느 한 사람의 말만을 진실인 듯 받아들여서는 안 된다는 말도 덧붙였다.

"가족들과 크로아티아의 두브로브니크에 여행을 갔는데, 현지 가이드가 외국인 관광객들에게 오로지 세르비아만 가해자이고, 보스니아와 크로아티아는 피해만 입은 것처럼 말을 하더군요. 그건 내가 아는 사실과는 달랐어요."

미란은 호스텔 사업과 전쟁 투어를 통해 많은 여행자들을 만나면서 이 투어를 계속해야 할 또 하나의 이유가 생겼다고 했다.

"이 사업을 하며 만난 사람들, 그리고 내가 유럽을 여행하면서 만났던 사람들은 모두 내가 보스니아인이라는 걸 알면 하나같이 동정하고 위로하는 말을 건네요. 그들 앞에서 우리는 비극적인 과거의 유산일 뿐이죠. 정작 나 자신은 새로운 삶을 준비하며 희망을 갖기 시작했는데 말이에요. 나는 우리의 현재와 미래를 모두 말하고 싶었어요. 그러기 위해서는 전쟁 이전에 나와 가족들의 삶이 얼마나 풍요로웠는지, 전쟁이 어떤 것들을 앗아 갔는지, 또 전쟁 이후에 내가 어떻게 다시 일어서게 되었는지를 설명할 필요가 있었지요."

처음에는 '전쟁 투어'라는 말이 조금은 상업적으로 느껴졌지만, 미란의 설명을 듣고 나니 모스타르에서 평생을 살아온 이 보스니아인의 이야기가 몹시 궁금해졌다. 나는 다른 투숙객과 함께 미란의 안내를 받아 모스타르를 둘러보기로 했다.

다음 날 이른 아침, 궂은 날씨 탓인지 바깥 풍경이 괜히 을씨년
스럽게 느껴졌다. 곧 태풍이 불어도 이상하지 않을 것 같은 분위기
였지만 미란을 따라 걷다 보니 우리는 어느새 전쟁 직전의 고요한
마을 한가운데에 서 있었다. 1992년 5월의 어느 평범한 날이었다.
"은퇴한 할아버지는 여느 날처럼 정원에서 화초들을 돌보고 있
었어요. 그때 세르비아 군인 두 명이 집으로 찾아왔지요. 그들
은 할아버지 이름을 묻더니 곧 전쟁이 일어날 거라고, 여기에 서
명을 하면 가족들의 안전을 보장할 것이고, 대신 전쟁이 끝나면
모두 정교회로 개종을 해야 한다고 설명했어요. 할아버지는 거
기에 서명을 했죠. 아침밥을 먹고 있던 다른 가족들은 그 이야
기를 듣고 대체 무슨 짓을 한 거냐고 할아버지를 비난했어요.
그때 할아버지가 그러더라고요. 다 같이 살기 위해서였다고."
얼마 뒤, 정말로 전쟁이 시작되었고, 포탄은 미란의 집 주변을
가장 먼저 공격했다.
"어쩌면 할아버지가 서명한 그 각서는 무슬림을 가려내기 위한
수단이었는지도 몰라요."
'위대한 세르비아'를 건설하기 위해 시작된 전쟁은 무슬림, 즉
보스니아인들에 대한 인종 청소로 이어졌다. 모스타르 동쪽에 살
고 있던 시민들은 무차별적으로 쏟아지는 총알과 폭탄을 피해 필

사적으로 도망쳤다.

"저기였어요. 수십 명의 주민들이 보트 하나에 의지해 강을 건 넜죠. 보트를 타지 못한 사람들은 그냥 강물에 뛰어들어 헤엄을 쳐야 했고요. 무조건 달리라는 할아버지의 외침에 죽을힘을 다 해 뛰었어요. 등 뒤로 뜨거운 화염이 느껴졌지요."

그날 이후 모스타르의 동쪽은 세르비아군의 차지가 되었고, 서 쪽은 보스니아군과 보스니아를 지원하기 위해 파병된 크로아티아 군의 차지가 되었다.

"1993년, 우리 편에서 함께 싸우고 있던 크로아티아군이 갑자 기 등을 돌렸어요. 보스니아 영토 분할을 둘러싸고 세르비아와 크로아티아 정치인들 사이에 은밀한 거래가 있었다더군요. 소강 상태가 끝나고 하룻밤 사이에 우리는 다시 총알받이 신세가 되 었어요. 군인도, 시민들도 속수무책으로 죽어 나갔습니다."

세차게 몰아치는 비바람에 힘없이 떨어져 나가는 나무의 잔가 지들을 보며 그렇게 죽어간 사람들을 상상했다. 다리를 건너자 1993년부터 2년 동안 보스니아 남성들의 강제수용소로 사용되었 다는 학교가 보였다. 무고한 남성들이 고문을 당하고, 80여 명이 학살당한 끔찍한 공간이었다.

"시에서 이 수용소에서 일어난 일의 진실을 밝히기 위해 국제사 법재판소에 모든 증거 자료를 제출했지만, 몇 년째 추가 조사 중 이라는 말밖에 하지 않고 있어요. 조사 중이라면 증거를 더 찾기 위해서라도 이곳을 폐쇄해야 할 텐데, 보다시피 그냥 방치되어 있을 뿐이죠. 대부분의 사람들은 그때의 기억을 떠올리고 싶어하지 않아요. 어떤 이들은 자신들의 기억을 팔아넘기기도 하고요. 크로아티아와 세르비아 정부에서 그런 식으로 사람들 입을 막고 있다는 건 공공연한 사실이에요. 그래도 끝까지 진실을 밝히려는 용감한 사람들도 있지요. 여행자들에게는 이 투어가 단지 10유로짜리 관광 상품일지 모르지만, 솔직히 말해 내게는 거의 고문에 가까운 시간이에요."

미란은 아직도 그날의 폭음, 사람들의 비명과 기도 소리, 날이 바짝 선 죽음에 대한 공포, 당시의 서늘했던 공기의 감촉까지, 모든 것을 고스란히 기억하고 있는 듯했다.

"나는 이웃과 친구들 대신 살아남은 거예요. 이 일은 살아남은 내가 그들을 위해 할 수 있는 최선이고요."

보스니아 군인들의 벙커로 사용된 건물로 들어서니 노숙인들이 남긴 오물 때문에 악취가 진동했다. 코와 입을 손으로 틀어막지 않고서는 숨을 쉬는 것조차 불가능할 지경이었다. 폭격을 맞아 생긴 2층 벽의 구멍 사이로 비둘기들이 드나들었다. 여기에서 목숨을 잃은 군인들의 넋을 위로해 주기라도 하려는 듯이.

"이 건물 3, 4층에 현재 사람들이 살고 있다는 게 믿겨 지나요?"

건물 밖에서 올려다보니 사람들이 산다는 곳에는 정말 커튼과 조명까지 달려 있었다. 금방이라도 내려 앉을 듯한 위태로운 둥지였다.

"주변에 멀쩡한 집들은 다 텅 비어 있는데, 왜 저렇게 위험한 곳에 사는 거죠?"

"모스타르의 시장이 크로아티아인이기 때문이죠. 전쟁 전에 크로아티아인들이 살던 건물들만 골라서 재건축을 해 주고 있어요. 봐요. 여전히 우리에게서 빼앗기만 하고, 사과조차 하지 않는 이들을 우리가 어떻게 용서해야 할까요?"

주택가를 지나 과거 모스타르의 중심가였던 센트럴존에서 미란의 걸음이 멈췄다.

"저기 공터에 모스타르, 아마 유고슬라비아에서도 제일 컸을 쇼핑센터가 있었어요. 아직도 기억해요. 크리스마스 때마다 부모님이 저기에 데려갔는데, 한 번은 자전거를 선물 받고 날아갈 듯 좋아했죠."

완전히 망가져 버린 도시에도 사람들의 추억은 곳곳에 남아 있었다. 그러나 추억에 잠길 새 없이 처참하게 부서진 은행 건물이 눈에 들어왔다. 은행 주변으로는 미처 치우지 못한 유리 파편들이 날을 세우고 있었다.•

"세르비아 군인이 보스니아를 침략해서 가장 먼저 무엇부터 공

• 보스니아에 남아 있는 전쟁의 흔적들 가운데 상당수는 끝나지 않은 전범 재판의 증거물로 보존되고 있는 것이다.

격했는지 알아요? 학교, 그 다음 언론사, 그리고 은행이었어요."

무장한 권력은 학교를 폐쇄해 사람들의 머리를 통제했고, 언론사를 부숴 눈과 귀를 틀어막았고, 은행을 파괴해 도망갈 수 없도록 발을 묶었다. 당시 대부분의 학교 건물은 세르비아군에 의해 포로 수용소나 위안소로 쓰였다.

"그러고는 이 도시를 통틀어 가게를 단 한 개만 남겨 두었어요. 가게의 운영권은 세르비아군 사령관들이 쥐고 있었죠."

그 하나뿐인 가게에서는 매점매석과 '조용한 살인 전략'이 행해졌다.

"굶주림에 허덕이는 사람들에게 밀가루 한 포대를 500유로, 달걀 하나를 50유로에 팔았어요."

워크캠프에서 함께했던 크로아티아인 친구, 마르티나가 '전쟁 부당 이득자War Profiteer'에 대해 말해 준 적이 있었다. 그들은 그렇게 가만히 앉아 손에 피 한 방울 묻히지 않고 모스타르의 시민들을 죽이고, 막대한 돈을 벌어들여, 전쟁이 끝난 뒤에는 대형 마트나 주유소의 사장이 됐다. 죽음에 대한 공포조차 잊을 정도로 굶주린 사람들은 배를 채울 수 있는 것을 찾아보려고 건물 밖으로 나왔다가 곳곳에 숨어 있던 자객들의 총에 힘없이 쓰러졌다.

"명백히 말하면 사람들을 죽인 건 총이 아니라 굶주림이었죠."

당장이라도 무너질 것 같은 폐허가 된 건물을 지나쳐 광장으로 나오니, 모퉁이에 페인트칠을 한 지 얼마 되지 않은 듯, 유독 눈에 띄는 건물 하나가 눈에 들어왔다.

"보스니아에서 유일하게 민족 구분 없이 수업을 하는 학교예요. 다른 학교들은 모두 건물을 나누어 주민등록상의 민족에 따라 학생들을 분리해 수업을 하지요."

보스니아의 트라브니크에서 보았던, 정확히 절반을 갈라 두 가지 색깔로 조악하게 칠을 한 초등학교가 기억났다. 그렇게 분리된 학교에서 발칸의 새로운 세대들은 화해할 기회도, 방법도 박탈당한 채 분노하고 서로를 증오하도록 교육을 받는다. 하지만 그런 현실에도 불구하고, 미란이 들려준 이야기는 꽤 희망적이었다.

"올해 초에 크로아티아인들의 축제가 있었는데, 여자아이 하나가 세르비아인 남자 친구와 함께 행진에 참가했어요. 그걸 본 노부인이 어떻게 세르비아 놈이랑 나란히 걸을 수가 있냐고 삿대질을 했죠. 여자아이는 거기에 대꾸하는 대신에 남자 친구에게 키스를 했어요. 각자 크로아티아 국기와 세르비아 국기를 몸에 두른 채로요."

두 아이의 모습이 미란이 보여 주고 싶다던 보스니아의 미래였을 것이다. 참혹한 과거에, 기성세대들의 감정싸움에 휘둘리지 않겠다는, 평범한 사람들이 품고 있는 화해의 의지 말이다.

스페인에서 파병된 유엔 평화 유지군을 기리는 추모비, "UN UNITED NOTHING"이라고 쓰인 조롱 가득한 그래피티, 만취한 크로아티아 사람이 부쉈다는 보스니아 군인을 위한 위령비를 지나쳐

스무 살, 흔들리는 청춘의 여행 인문학

길을 걷다 보니 어느덧 모스타르의 명소 스타리모스트Strari Most에 도착했다. 영어로는 '올드브릿지', 즉 오래된 다리라는 이름을 가진 스타리모스트는 무려 1566년, 오스만 제국 시절에 지어진 것이었다. 비 개인 하늘 사이로 내리쬐는 햇볕이 다리를 따뜻하게 감싸 안고 있었다.

"너무 아름다워서 2차 세계대전 때도 차마 건드리지 못했다는 다리예요. 그렇게 어렵게 지켜온 다리를 유고슬라비아 사람들 스스로 산산조각을 낸 거죠. 크로아티아 군인들이 전쟁 중에 저지른 가장 잔인하고 멍청한 짓 중 하나예요."

폭파된 다리는 다시 복원이 되기까지 꼬박 10년이 걸렸다. 오래된 다리가 옛 모습을 되찾은 것처럼, 아직 치유되지 않은 사람들의 마음도 언젠가는 회복될 수 있을까? 그건 어쩌면 수십 톤의 바위를 쌓아 올리는 일보다 더 어려운 일일지도 모른다.

전쟁의 기억을 따라 미란과 함께 걸어간 여정의 종착지는 전쟁으로 죽은 이들의 영혼이 잠들어 있는 공동묘지였다. 미란의 친구, 친척과 이웃 들도 그곳에 잠들어 있었다. 미란은 아는 이들의 무덤을 일일이 찾아가 그 앞에서 기도를 했다. 종종 크로아티아인과 세르비아인들의 무덤도 보였는데, 미란의 말에 따르면 친구이자 이웃이었던 보스니아인들을 위해 전쟁에 나섰다가 전사한 이들이라고 했다. 국가나 민족보다 사람이 우선인 이들도 분명 있었던 것이다. 시신 없이 비석만 세워진 무덤들도 있었는데, 언제 죽었는지

조차 불분명한 그들의 비석은 죽은 날짜가 비워진 채로 서 있었다. 종결되지 못한 죽음에 대한 위로였다. 아직까지도 보스니아 곳곳에서는 시신 발굴이 계속되고 있다.

그날 저녁 스타리모스트를 다시 찾았을 때, 오늘 알아 버린 수많은 상실의 사연과 얼굴 들이 강 위에 둥둥 떠다니는 것 같았다. 다소 무거워진 얼굴로 호스텔을 떠나는 내게 미란이 다가와 내 남은 여행에 기운을 북돋아 주려는 듯 어깨를 토닥였다.

"너무 슬퍼하지 말아요. 우리는 언제나처럼 다시 일어설 테니까."

스무 살, 흔들리는 청춘의 여행 인문학

열두 번째 ___
너도 한 번 피워 봐.
그냥 다 잊게 돼

네지르와
카페 델리의 친구들

190센티미터의 키에 90킬로그램이 넘는 건장한 체격, 그럼에도 늘 마리화나와 술에 절어 무기력하게 널브러져 있거나 공허한 눈빛으로 하늘을 바라보던 모습……. 내게 네지르는 그렇게 기억되는 친구이다. 네지르와의 인연은 내가 처음으로 보스니아 헤르체고비나라는 나라를 찾았던 2012년으로 거슬러 올라간다. 사치코 언니와 헤어지고 워크캠프에 가기 전 사라예보에 머물 때였다. 나는 보스니아라는 나라에 대해 이야기해 줄 사람을 찾는다는 글을 카우치서핑에 올렸다. 몇 시간 뒤, 한 남자가 메시지를 보내왔다.

"안녕! 내 이름은 네지르고, 트라브니크에 살아. 트라브니크는 보스니아의 첫 번째 수도였고, 전쟁을 겪기는 했지만 (아, 우리 아버지도 그때 돌아가셨어) 무척 아름다운 도시야. 사라예보에서 두 시간이면 올수 있어. 나는 투즐라Tuzla에서 연극과 영화를 공부했는데, 최근에 공부를 마치고 고향으로 돌아왔어. 네가 전화를 준다면 정말 기쁠 거야. 편하게 생각하고 연락 줘."

나는 한 치의 고민도 없이 뭔가에 이끌리듯 곧장 트라브니크행 버스를 탔다. 에어컨이 없는 버스는 뒷문을 아예 열어젖힌 채로 달렸다. 마당에 놓인 테이블에 앉아 한가롭게 차를 마시는 가족들, 몸을 완전히 강물에 담근 채로 거센 물살을 가르며 낚시를 즐기는 남자, 손수 시멘트를 발라가며 벽돌을 쌓아 집을 넓히고 있는 할아버지. 기차가 아닌 버스를 타니 그제야 비로소 보스니아 사람들의 일상이 가까이 다가왔다.

인터넷으로 메시지를 주고받을 때의 인상과는 달리, 네지르는 그다지 믿음직한 타입은 아니었다. 트라브니크에 도착해서 그에게 전화를 걸었지만, 전화기는 내내 "연결할 수 없습니다"라는 말만 반복하고 있었다. 네지르를 찾는 걸 포기하고 호텔에 들어가 짐을 푼 뒤에야 겨우 연락이 닿았다. 하지만 트라브니크에 머무는 동안 네지르와 한 일이라고는 고작 그의 친구 바키르가 일하는 가게에서 라키야를 마시며 시간을 때우거나, 마을의 술집을 돌아다니며 동네 친구들을 만나는 것이 전부였다. 그날도 우리는 바키르네 가게에서 네지르의 친구들과 함께 술을 마셨다.

"여긴 썩었어. 부패가 없는 곳이 없지. 우리같이 젊은 사람들 중에 절반 이상이 일자리가 없어. 평균 월급이 얼만지 알아? 50만

스무 살, 흔들리는 청춘의 여행 인문학

원도 안 돼. 제길."

나는 그들에게 "한국에도 88만 원 세대라는 게 있어"라고 말해 주고 싶었지만, 이들이 느끼는 절망감에 비할까 싶어 입을 다물고 조용히 듣기만 했다. 그들의 술자리는 늘 처음에는 몹시 유쾌하다가 어느 순간 불만과 한탄으로 변하고, 세상과 정부에 대한 분노로 끝이 나는 식이었다. 그날은 유독 열띤 토론이 계속되었다. 술자리를 파할 무렵, 네지르의 친구들이 나를 차에 태우고 어디론가 달렸다. 취한 기색은 없었어도 그들은 이미 독한 술을 꽤 여러 잔 마신 상태였기 때문에 명백한 음주 운전이었다.

"빨리 차 세워! 경찰이라도 만나면 어떡하려고 그래!"

"하하하, 돈만 있으면 뭐든 할 수 있어. 곧 보여 줄게."

코너를 돌자마자 경찰이 차를 세웠다. 나는 이러다 남의 나라 유치장 신세를 지게 되는 건 아닌가 싶어 지레 겁을 먹고 있는데, 그들은 태연하게 주머니에서 지폐 몇 장을 꺼내 경찰관 손에 슬며시 쥐어 주었고, 곧 경찰이 길을 열어 주었다.

"봤지? 이런 게 바로 보스니아야."

산 중턱에 있는 공동묘지 곁에 차를 세우고 친구들은 계단에 올라 마리화나를 피웠다. 내게도 마리화나를 권했지만 나는 "예전에 해 봤는데, 별 재미를 못 느끼겠더라"라는 거짓말로 애써 상황을 모면했다. 보스니아에서도 음주운전과 마리화나*는 엄연히 불법이다. 하지만 그 법을 집행해야 할 사람들이 오로지 돈만 쫓는 이

나라에서 법은 무용지물이다. 젊은 사람들은 법을 어기는 것으로 국가에 반항하고, 경찰들은 그런 반항아들에게서 뒷돈을 챙긴다. 부패의 슬픈 악순환이었다.

마리화나를 다 피우고 나서 우리는 마을에 내려가 맥주를 더 마셨다. 그리고 난생 처음으로 필름이 끊겼다. 다음 날 점심때가 되어서야 눈을 떠보니 경치 좋은 별장에 와 있었다. 정신을 차리려고 산책을 하다 돌아왔는데, 그제야 일어난 네지르가 눈을 뜨자마자 담뱃대부터 말았다. 내게 마리화나를 건네는 그에게 나는 평범한 담배조차 피워본 적이 없다고 고백했다.

"그런데 그걸 피우면 어떤 기분이 들어? 기분이 막 들떠?"

내내 묻고 싶던 질문이었다.

"아니. 그냥 다 잊게 돼."

네지르는 친구들 앞에서는 농담 따먹기를 하거나 장난을 치며 유쾌하게 굴었지만 마리화나를 피울 때면 늘 멍한 눈빛으로 침묵을 지켰다. 그래서인지 네지르는 남을 압도할 정도로 덩치가 컸지만 나는 그에게 어딘가 모르게 외롭고 약한 구석이 있다고 느꼈다. 그리고 그의 몸 곳곳에 난 큼직큼직한 상처들의 사연을 듣고 싶었다. 처음에는 보스니아라는 나라가 궁금해 이곳까지 왔는데, 이제는 그보다 네지르와 네지르의 친구들, 그리고 이곳에서 만난

●　2013년부터 사라예보에서는 마리화나를 법적으로 허용하고 있다.

사람들 한 명 한 명의 이야기가 더욱 궁금해졌다.

　별장을 내려오는 길에 네지르가 나를 어디론가 데려갔다. 어젯밤 마리화나를 피우던 공동묘지였다. 아담한 트라브니크의 전경이 한눈에 들어오는 이 작은 언덕에서 네지르는 자신이 다녔던 초등학교를 가리키며 세르비아군이 마을을 침공했을 때 자신이 어떻게 도망쳐 살아남았는지를 손가락을 따라 길을 그리며 설명해 주었다. 네지르의 입에서 처음으로 나온 전쟁에 관한 기억이었다.

　"저쯤에서 세르비아 군인들을 보고 바위 뒤로 숨었어. 아직도 그때 심장이 얼마나 두근거렸는지 기억이 나. 집에 도착했을 때 이미 아버지는 세르비아군에 끌려간 뒤였고, 어머니는 짐을 싸서 준비하고 있다가 나와 형, 여동생 에디나를 데리고 반대편 산 속으로 피난을 갔어."

　나는 나중에 에디나로부터 그들의 아버지에 관한 이야기를 들을 수 있었다. 네지르의 아버지는 상급 경찰관으로, 세르비아군이 트라브니크를 곧 침공할 예정이라는 사실을 미리 알고 있었지만, 가족들과 피난을 가는 대신 끝까지 경찰서에 남아 더 많은 사람들이 대피할 수 있도록 전화를 돌렸다고 했다. 그때 에디나의 나이는 고작 일곱 살, 오빠인 네지르도 열 살밖에 안 된 나이였다. 전쟁이 끝나고 가족들은 할아버지가 보태 준 돈으로 아무것도 남지 않은 집터에 다시 벽돌부터 쌓아 올려 지금의 집을 지었다고 했다.

　네지르는 고등학교 때까지 꽤 잘 나가는 유도 선수였지만 스포츠 따위에 투자할 여력이 없는 나라 사정 탓에 8년 동안 해 온 운동을 그만두고 대학에 들어갔다. 마침 네지르가 대학에 들어간 시기는 1960년대 히피 운동처럼 발칸 전역에서 전쟁과 기성세대를 향한 저항 문화가 연극이나 랩, 그래피티와 같은 다양한 형태로 대학가를 물들이고 있던 때였다. 그 가운데 네지르의 관심을 잡아끈 것은 연극이었다. 네지르는 처음엔 학내에서 두각을 나타내더니 대학교 2학년이던 때에 보스니아에서 열리는 가장 큰 축제 중 하나인 "메스 페스티벌MESS Festival"의 조연출을 맡게 되었다. 사람들은 특별한 사연을 가진 이 신예 연출가에게 호의적이었다. 이름 있는 연출가와 배우들이 알아서 그에게 먼저 다가왔다.

"그때가 내 인생 최고의 시간이었지. 언제나 멋진 예술인들에 둘러싸여서 공짜 술을 마셨고, 협회에서는 나한테 월급뿐 아니라 사라예보에서 제일 멋진 숙소랑 생활에 필요한 모든 걸 제공해 줬어. 투즐라, 트라브니크, 사라예보 어디서든 내 이름을 모르는 사람이 없을 정도였다니까."

그해, 페스티벌이 끝나고 다시 투즐라로 돌아온 네지르는 그동안 번 돈으로 친구들 몇 명을 모아 시내에 재즈바를 차렸다. 세계 각국에서 온 예술가들과 함께 작업하며 샘솟는 아이디어와 감수성으로 가득 차 있던 상태에서 시작한 그 사업은 새로운 것에 갈증을 느끼던 투즐라의 젊은이들을 매료시키기에 충분했다.

"사람들이 나한테 잘 보이고 싶어 안달을 했지. 어떻게든 아는

척 좀 해보려고 말이야. 그땐 전망이 가장 좋은 아파트 맨 위층을 통째로 빌려서 매일같이 친구들이랑 파티를 열고, 음악을 만들었어."

그러나 20대 초반에 찾아온 인생의 절정기는 그리 오래 가지 못했다. 1년 넘게 동거를 해오던 여자 친구는 변해 버린 네지르를 떠났고, 네지르는 가게 문을 닫고 집으로 돌아가던 길에 평소에 그를 못마땅하게 여기던 이들이 휘두른 칼에 크게 상처를 입었다.

"그리고 얼마 뒤에 내 가장 친한 친구가 술을 마시다 말고 권총으로 제 머리를 쏴 죽어 버렸어."

정신적으로 큰 충격을 받은 네지르는 도망치듯 트라브니크로 돌아왔다. 대학 졸업까지 시험 하나만 남겨 둔 채 투즐라를 떠날 만큼 마음의 상처가 컸다.

"나는 선천적으로 예술을 하기 위해서 태어난 사람이야. 연극이든, 음악이든, 그런 걸 손에 쥐지 않고서는 살아갈 수가 없어."

방에 걸린 자신이 직접 연출한 연극 포스터를 쓰다듬다가 네지르는 불현듯 책장에 꽂아 놓은 스크랩북을 꺼내들었다.

"이것 좀 봐봐. 내가 '메스'에서 일할 때 잡지에 실린 내 기사야. 내 왼쪽은 유명한 여배우이고, 오른쪽은 여기서 가장 알아 주는 연출가이지. 이런 사람들이랑 일하면서 매일같이 밥 먹고, 술 마시고 그랬다니까! 진짜 끝내 줬는데. 이건 유도 선수 시절에 딴 메달들이야. 엄청나지? 내가 작곡한 음악을 들려줄게."

내게는 조금 지루했지만 자신의 빛나는 과거를 자랑하는 데 몰두하고 있는 네지르를 방해하고 싶지는 않았다. 네지르는 지금은 비록 친구들과 라디오 드라마를 만들거나 밴드 연주를 하는 것으로 시간을 때우는 백수이지만, 항상 자기에게는 꿈이 있다고, 언젠가는 다시 세상을 깜짝 놀라게 해 줄 거라고 큰소리를 쳤다.

"보스니아 전국의 대학생들을 대상으로 하는 인터넷 라디오 채널을 준비하고 있어."

네지르는 전쟁으로 아버지를 잃은 채 십 대를 보내고, 스무 살을 갓 넘어서는 그 나이에 어울리지 않는 세상의 주목을 받다가 지금은 과거의 화려했던 기억을 곱씹으며 살아가고 있었다. 네지르를 처음 만났을 때 나는 그를 그저 무책임하고 제멋대로인 사람이라고 생각했지만 점점 그가 살아오면서 느꼈을 절망과 박탈감이 더 크게 다가왔다. 가끔은 그가 자신의 경험을 너무 과시하고, 자아도취에 빠져 있는 것 같아 눈살이 찌푸려질 때도 있었지만, 아무려면 어떤가. 네지르는 자신이 가장 행복했던 시기로 돌아가기 위해 발버둥을 치고 있었다. 그리고 나는 그런 네지르를 진심으로 응원하고 싶었다.

한국으로 돌아간 뒤에도 우리는 종종 안부를 주고받았다. 그의 편지는 늘 자신의 인터넷 라디오 프로젝트가 어떻게 진행되고 있는지에 대한 내용으로 빼곡했다. 하지만 시간이 지날수록 네지르는 부쩍 힘들어했다. 그의 편지에는 자괴감, 전쟁과 세상에 대한 분노, 무엇보다 자신의 프로젝트에 관심을 가져 주지 않는 사람들에 대한 실망이 묻어났다. 함께 일하던 동료들과도 자주 싸웠고, 한 번은 아무 이유 없이 자주 가던 카페에서 일을 하고 있던 직원을 폭행해 경찰서에 다녀오기도 했다.

2013년 봄, 사라예보 버스터미널에서 6개월 만에 네지르를 다시 만났다. 네지르는 그 사이 부쩍 살이 찌고, 이마에는 전에 없던 주름이 깊게 패어 있었다. 반가운 마음에 격하게 포옹을 하는데, 술과 마리화나 냄새가 물씬 풍겼다. 함께 버스를 타고 트라브니크로 가는 동안 그는 요 몇 달간 자신의 프로젝트가 어떻게 진행되어 왔는지 자세히 설명해 주었다. 설명은 장황했지만 결론은 작년보다 나아진 건 아무것도 없다는 것이었다.

트라브니크에 도착하자마자 네지르는 나를 시내에 있는 낡은 건물로 데려갔다. 'CAFE DELLY'라고 적힌 간판만이 삐거덕거리며 유일한 존재감을 내는, 낡고 텅 빈 카페였다.

"내 프로젝트는 여기서부터 시작이야. 어때, 꽤 쓸 만하지? 1층은 카페로, 2층은 사무실로 꾸며 보려고 해. 물론 그 전에 전 주인이 남기고 간 공과금부터 해결해야 하지만."

2천 유로에 달하는 공과금 빚더미를 모두 청산하기 전까지 카페 델리는 네지르와 친구들에게 마리화나를 피우는 아지트로 사용될 참이었다. 친구들은 네지르에게 마리화나를 대주는 것으로 카페의 출입증을 얻었다. 우리 돈으로 3천 원 정도면 엄지손톱만큼의 마리화나를 얻을 수 있었다. 네지르는 하루 빨리 공과금을 처리하고 프로젝트를 시작하는 것보다 눈앞의 마리화나에 더욱 집착하는 듯했다. 카페 델리는 네지르의 꿈이면서 동시에 그 꿈이 실현되는 것을 끊임없이 지연시키는 마취제 같아 보였다.

보름 간 네지르를 떠나 다른 곳을 여행하다 돌아온 날, 네지르는 라키야를 얼마나 들이켰는지, 델리에서 혼자 고주망태가 되어 횡설수설하고 있었다.

"투즐라에서 열리는 중요한 행사에 초대를 받았는데, 가질 못했어. 왜인지 알아? 차비가 없었거든. 차비가……."

한때 잘 나가던 자신이 만 원이 조금 넘는 차비가 없어 오도 가도 못하는 처지가 된 것에 화가 난 것 같았다. 술과 마리화나로 외면해 오던 자신의 초라한 현실을 맞닥뜨린 것이다.

"네지르, 우리 같이 투즐라에 다녀오지 않을래? 내가 차비랑 식비 정도는 낼 수 있어. 네가 잠 잘 곳만 준비해 주면 돼."

네지르가 눈을 반짝였다.

"그건 걱정하지 마! 투즐라에 널리고 널린 게 내 친구야!"

네지르에게 '투즐라'는 단순한 지역이 아니라 그가 누렸던 과거의 영화를 상기시켜 주는 무대였다. 나는 네지르가 그 무대에 다시 오를 수 있도록 조금이라도 도움이 되고 싶었다. 무기력한 네지르를 더 이상 두고 볼 수 없었기 때문이다.

"투즐라에 가면 보스니아에서 유명한 래퍼랑 연출가를 소개해 줄게. 그들도 민아 너를 마음에 들어 할 거야!"

하지만 정작 투즐라에 도착하자 네지르는 갑자기 그 모든 일에 흥미를 잃은 사람처럼 굴었다. 대학시절 공연했던 극장이며, 친구들과 자주 가던 재즈바를 소개시켜 주면서도 무언가에 발목이 잡힌 사람처럼 섣불리 그 안으로 들어가진 않았다. 그 뒤로 사흘 내내 친구 집에서 꼼짝도 하지 않고 마리화나만 피워 댔다. 그가 남은 여비를 마리화나를 사는 데 모조리 써버렸다는 걸 알고 나서는 나도 더 이상 참을 수가 없었다. 우리는 트라브니크로 돌아오는 버스에서 서로 다른 자리에 앉아 말 한 마디 나누지 않았다. 그렇게 트라브니크에 도착해 헤어진 것이 우리의 마지막이었다.

지금도 네지르를 떠올릴 때면, 그의 체취, 그의 일부가 되어 버린 마리화나 냄새가 함께 떠오른다.

"이건 선물이고, 자유야."

카페 델리에서 마리화나를 태우던 친구가 이런 말을 한 적이 있다. '숨어서 마약이나 하는 주제에 폼 잡기는!'이라고 생각하면서도 이해는 됐다. 살기 위해 잊어야 하고, 잊기 위해 무언가 몰두할 것이 필요한 이들에게 마리화나는 완벽한 처방전이었다. 절반에 가까운 청년들이 일자리를 찾지 못하고, 대학 졸업장은 종잇장에 불과하며, 조국은 전쟁의 상흔을 극복할 능력이 없는 이 세상에서 언제라도 값싸고 손쉽게 찾을 수 있는 도피처 말이다. 사람들은 함께 마리화나를 피우며 내 삶만이 절망이고 잉여인 것은 아니라고 안도하는지도 모른다.

그렇다고 카페 델리가 단순히 우울한 청춘들의 집합소였던 것만은 아니다. 그곳에 모인 이들 대부분은 예술을 하는 친구들이었고, 부패한 현실의 비평가이자 꿈을 놓지 않는 이상주의자들이기도 했다. 시답지 않은 농담을 주고받을 때도 있었지만, 그들의 대화는 적어도 자신들의 삶의 조건을 만들어 내는 현실의 제도를 날카롭게 인식하고 있었다. 그리고 그것을 바꿔야 한다는 문제의식을 진지하게 품고 있었다. 한계가 분명한 현실에서 자기 삶을 일궈 나가려는 뿌리 깊은 의지도 있었다.

그래피티 작가인 이보가 어느 날 좋은 사업 아이템이 떠올랐다며 신이 나서 카페에 들어왔다. 담뱃잎과 종이, 필터를 한 상자에 담아 이보만의 그래피티아트를 그려 넣은 '트롤'이라는 담배 패키지를 만들 거라고 했다. '트롤'은 이보의 아버지 이니셜과 '락앤롤Rock & Roll'을 합한 이름이었다. 이보는 패키지 디자인까지 마치고 우리에게 평가를 부탁했다. 그는 이 사업으로 돈을 모아 트라브니크에 예술인 공동체를 만들고 싶다고 했다. 이보의 곁에는 그런 그의 꿈을 함께 공유하는 친구들이 있었다. 나는 그들의 목표가 개인적인 성공에 있지 않다는 것이 참 좋았다. 그들의 젊음이 정말이지 락앤롤을 닮았다고 생각했다.

'네 것', '내 것' 가리기

60년 동안 유고슬라비아 연방 공화국이라는 한 국가로 묶여 있다가 티토의 죽음 이후 순차적으로 독립을 하게 된 발칸 지역 국가들 사이에는 아직 해결되지 않은 갈등들이 많다. 그중에 이전에는 '우리 모두의 것'이었던 것을 둘러싼, 흥미롭지만 웃을 수만은 없는 갈등이 있다.

트라브니크에서 지낼 적에 우리는 카페 델리에 모여 심심할 때면 서로에게 퀴즈를 내는 것으로 무료한 시간을 때우곤 했다. 어느 날 부기가 내게 "니콜라 테슬라Nikola Tesla가 누구일까요?" 하는 문제를 냈고, 나는 자신 있게 "크로아티아의 발명가"라고 대답했다. 하지만 친구들은 내가 틀렸다고 했다.

"니콜라 테슬라가 크로아티아에서 태어나기는 했지만, 혈통상으로는 세르비아인이야. 가장 현명한 건 '유고슬라비아인'이라고 하는 거지만."

나는 속으로 '한국에서 태어났으면 한국인이고, 크로아티아에서 태어났으면 그냥 크로아티아인인 거지!' 하고 툴툴댔지만 그건 나처럼 딱히 민족 갈등이라는 걸 겪지 않는 나라에서 살아 온 이의 단순한 생각이었다. 크로아티아 정부와 세르비아 정부는 니콜라 테슬라가 어느 민족이냐는 문제를 두고 수년 동안 다퉈 왔다고 한다. 심지어 2006년에는 크로아티아가 테슬라의 탄생 150주년을 맞아 '니콜라 테슬라의 해'를 지정한 것에 분노해 세르비아가 베오그라드 국제공항의 이름을 '니콜라 테슬라 공항'으로 보란 듯이 바꾸는 사건도 있었다.

　한국어로도 번역되어 있는 소설 『드리나 강의 다리』의 저자 이보 안드리치Ivo Andrić 또한 1961년 노벨 문학상을 수상하고 세계적인 명성을 얻게 되면서 의도치 않게 민족 갈등의 씨앗이 되었다. 이보 안드리치는 크로아티아인 부모 아래에서 태어나 보스니아에서 유년시절을 보냈고, 청년기는 다시 크로아티아에서, 그리고 작품 활동은 주로 세르비아에서 했다. 굳이 혈통을 따지자면 그는 분명 크로아티아인이었지만, 세 나라 모두 어떻게든 그를 자기네 나라의 '국민 작가'로 만들기 위해 갑론을박을 벌이고 있다. 발칸의 점령과 분열, 통합을 모두 경험한 사람으로서 그 누구보다 발칸의 평화를 원했고, 그러한 염원을 자신의 문학에 투영했던 이보 안드리치가 오늘날 세 나라가 자신을 두고 싸우고 있는 것을 본다면 얼마나 황당하고 속이 상할까?

스무 살, 흔들리는 청춘의 여행 인문학

그밖에도 마케도니아와 알바니아 사이에서 벌어진 테레사 수녀의 국적 논란, 집시 영화로 유명한 감독 에밀 쿠스트리차Emir Kusturica가 보스니아인이냐 세르비아인이냐 하는 논란 등 비슷한 사례들이 수없이 많다. 네지르와 친구들의 말처럼 이런 논쟁들은 사실 애초에 하나의 답이 나올 수 없다. 그저 민족 분열을 조장하는 정치인들에게 좋은 먹잇감이 되어 줄 뿐이다. 민아

열세 번째 ____
상처로 엉겨 붙은 가족사史

트라브니크,
알리사의 이야기

　　알리사는 네지르의 친구를 통해 우연히 알게 된 나의 두 번째
보스니아인 친구다. 처음 만났을 때 알리사는 스물한 살의 지역
프로팀 유도 선수로, 훈련비를 마련하기 위해 네지르의 친구 집에
서 낮 동안 베이비시터로 일을 하고 있었다. 살갑고 정이 많은 알
리사와는 만난 지 고작 몇 시간 만에 급속도로 가까워졌다. 당시
알리사는 돈을 벌기 위해 몇 년간 네덜란드로 이민을 갈까 진지하
게 고민하고 있었다. 선수 생활을 계속할 만한 수입이 없었기 때문
에 네덜란드에서 돈을 벌어 훈련비와 생활비를 마련하고자 했던
것이다. 두 번째 발칸 여행을 사흘 앞둔 날에 알리사에게서 다급
한 메시지를 받았다.

　　민아, 부탁이 있어. 다음 주에 보스니아 유도 챔피언십에 출전하는데
　　도복이 필요해. 한국에서 다른 사람이 입던 거라도 좋으니 구해 줄

스무 살, 흔들리는 청춘의 여행 인문학

수 있을까? 그게 힘들면 새 옷이라도 가장 싼 걸로 하나 사다 줘. 돈
은 내가 어떻게든 마련해서 갚을게.

새 도복은 아무리 싸도 20만 원을 훌쩍 넘었다. 알리사의 형편
을 빤히 알고 있었기 때문에 되도록이면 중고 도복을 기증해 줄
곳을 찾았다. 그러다 인터넷으로 알게 된 〈유도장〉이라는 유도인
동호회 매니저에게 전화를 걸었는데, 알리사의 딱한 사정을 듣고
는 새 도복을 선뜻 보내 주겠다고 하셨다. 그것도 세 벌이나! 이틀
뒤, 춘천 자취방으로 알리사의 키에 맞는 새 도복이 도착했다. 사
라예보에 도착할 때까지 10킬로그램 가까이 되는 도복을 들고 비
행기를 세 번이나 갈아타야 했지만, 알리사가 도복을 받고 기뻐할
모습을 생각하니 발걸음이 가벼웠다.

알리사에게 유도는 단순한 운동이 아니었다. 알리사가 남들보
다 늦은 나이에 유도를 시작하게 된 데에는 특별한 사연이 있었다.

"어느 날 학교에서 돌아왔는데, 엄마가 없었어. 당분간 사라예보
에서 살 테니 그때까지 나 혼자 지내야 한다는 쪽지만 달랑 남
겨져 있었지. 엄마는 내 유일한 가족이었는데……."

그때 알리사의 나이는 고작 열네 살이었다. 전쟁으로 아버지를
잃은 뒤 의지할 곳이라고는 엄마밖에 없던 아이였다. 그날 이후 알
리사는 엄마가 없는 허전함을 술로 채우다 급기야 병원에서 치료
를 받아야 할 정도로 심각한 알코올중독자가 되었다.

"몸무게가 80킬로그램까지 불었지 뭐야. 어느 날 문득 거울을 보고 깜짝 놀랐어. 그 길로 병원을 나와서 다시 건강해지기 위해 시작한 게 유도였지."

그날 이후로 탈의실도 없고 겨울에는 실내 온도가 영하 10도 아래로 떨어지는 열 평 남짓한 훈련장이 알리사의 전부가 되었다. 훈련장 환경은 열악했지만 알리사는 불평하지 않았다. 오히려 훈련비를 낼 돈이 없는 아이들을 위해 무료로 지도를 해 주며 프로 선수의 꿈을 키웠다.

알리사를 떠났던 엄마는 알리사가 고등학생이 되어서야 돌아왔다. 새아빠 페들과 함께였다. 알리사의 이야기를 듣고 알리사의 어머니를 '자식을 버리고 떠난 무정한 사람'이라고만 생각했는데 실제로는 그저 딸을 걱정하고 염려하는 평범한 '엄마'였다. 엄마는 내가 트라브니크에 돌아왔다는 소식을 듣자마자 곧장 나를 집으로 초대했다. 알리사의 친할아버지가 유산으로 남겨 주었다는 낡고 비좁은 아파트는 이전처럼 침침하고 엄마가 피워대는 줄담배 연기로 가득 차 있었다. 6개월 간 바뀐 것이라고는 거실 한쪽에 놓인 '2013년 올해의 선수상'이라고 새겨진 트로피뿐이었다. 알리사의 것이었다.

"민아, 내일은 부렉을 만들어 줄게. 너 그거 좋아하잖아."

엄마는 나의 사소한 취향까지도 잊지 않고 있었다. 그때 현관문을 열고 페들이 들어왔다.

"안녕하세요. 알리사의 아버지이죠?"

내 인사에 알리사는 갑자기 자리를 박차고 방으로 들어가 버렸다. 엄마와 페들, 그리고 나 사이에 어색한 정적이 흘렀다.

"그는 내 아버지가 아니야!"

나중에 갑자기 자리를 뜬 이유를 물었더니 알리사가 말했다.

"우리 엄마가 왜 날 버리고 집을 나갔는지 알아? 그 사람 때문이야. 엄마가 페들과 사라예보에서 죽고 못 사는 동안 나는 매일 혼자 일어나고, 잠들고, 혼자 밥을 먹었어. 몇 번이나 돌아와 달라고 울며불며 애원했지만 엄마는 내 말을 들어주지 않았어. 엄마는 날 사랑하지 않아! 아무도 날 사랑하지 않아!"

알리사는 늘 밝았고, 엄마와의 관계도 원만해 보였기에 이전의 상처를 서로가 잘 극복했다고 생각했었다. 그러나 그건 나만의 착각이었다. 그동안 알리사는 내내 엄마에게 버려졌다는 원망과 외로움을 가슴 깊은 곳에 혼자 간직하고 있었던 것이다. 그 모든 감정이 하필이면 나 때문에 터져 나왔다. 알리사를 위로하면서도 나는 내가 아는 엄마는 딸에게 그렇게 모질게 굴 사람이 아니라는 생각에 머릿속이 혼란스러웠다.

알리사의 집에서 머물 때였다. 시내에서 친구들과 놀다가 집에 들어오니 엄마가 평소처럼 혼자 소파에 가만히 앉아 담배를 태우고 있었다. 그 모습을 보자 아빠와 이혼한 뒤 오랜 시간 괴로워하던 우리 엄마 생각이 나 나도 모르게 엄마에게 다가가 말했다.

"볼림 테, 마마.(Volim te mama, 사랑해요, 엄마)"

그 말에 엄마는 갑작스레 눈물을 보였다.

"알리사는 한 번도 내게 사랑한다고 말해 준 적이 없단다."

"알리사는 엄마가 자신을 사랑하지 않기 때문에 자기를 두고 떠났던 거라고 생각하고 있어요."

엄마는 내 말에 충격을 받은 듯했다. 그러더니 차마 딸에게 할 수 없었던 말을 내게 털어놓았다. 알리사의 아버지가 죽고 두 식구의 유일한 생계 수단은 한 달에 400카엠(한화로 약 30만 원) 남짓 되는 연금이 다였다. 공과금을 내고 나면 당장에 빵을 살 돈밖에 남지 않았다. 겨울에는 땔감을 살 돈이 없어 다른 집에 쌓여 있는 것을 훔쳐올 정도였다. 엄마는 알리사를 생각해서 뭐라도 해야겠다고 마음을 먹었다고 한다.

"그때 페들을 만났어. 페들은 내 딸과 함께 살 준비가 안 됐다고 했지만, 대신에 그에겐 생활비를 보태 줄 능력이 있었지. 알리사와 떨어져 살더라도 그와 재혼해 알리사를 굶기지 않고 학교에 보내는 것이 최선이라고 생각했단다."

엄마는 이야기를 마치고 담배를 말아 다시 텅 빈 벽을 보며 연기를 뿜었다. 힘없이 흩어지는 담배 연기를 보고 있자니 엄마의 슬픔과 인생의 허기를 알 수 있을 것만 같았다.

알리사는 처음부터 마치 아버지 없이 태어난 아이였던 것처럼, 엄마는 한 번도 내게 알리사의 친아버지 이야기를 들려준 적이 없었다. 그래서 가끔은 나조차 알리사의 아버지가 전쟁 때 마을의 다른 남자들과 함께 학살당했다는 사실을 잊어버리곤 했다. 그에 관한 이야기를 엄마에게서 들은 것은 그날 저녁이 처음이자 마지막이었다. 알리사의 아버지는 자동차 수리공이었다. 엄마는 고등학교까지 독일에서 공부하다 결혼해 트라브니크에서 살게 되었는데, 그때가 고작 스물 한 살이었다고 한다.

"그렇게 '즐라타'라는 내 이름 뒤에 '무이키치'라는 새 이름이 붙었지."

엄마는 그 말을 하며 정말로 오래간만에 웃었다. 전쟁이 일어난 것은 엄마가 결혼한 지 겨우 4년이 되는 해였다. 알리사의 아버지에 대한 이야기는 거기서 끝이었다. 대신 엄마는 페들의 사연을 들려주었다. 페들도 외롭고 불쌍한 사람이니 미워하지 말아달라고 했다. 페들은 전쟁으로 형 한 명을 제외한 모든 가족들을 한꺼번에 잃었다. 엄마가 보여 준 페들의 앨범에는 그와 친척들이 15년 만에 발굴된 가족들의 시신을 안장하고 장례를 치르는 과정이 담겨 있었다. 완전히 불에 타 골격만 간신히 남은 그의 고향집 사진도 있었다. 페들은 전쟁으로 인해 인생에서 가질 수 있는 모든 것을 한순간에 잃어버린 사람이었다. 그런 페들의 이야기가 더욱 슬프게 다가온 것은, 그가 전쟁 이후 살기 위해 택한 직업이 군인이라는 사실 때문이었다. 페들은 성인이 되자마자 나토군에 지원해 이라크, 아프가니스탄, 쿠웨이트, 알제리에 파병되었다. 모두 페들이 경험했던 죽음과 상실이 재현되고 있는 전쟁터였다. 페들은 그곳에서 어떻게든 잊으려 했던 자신의 과거를 계속해서 대면하고 있을지도 모를 일이었다.

알리사와 엄마, 페들의 이야기를 들으며 전쟁이 '종전'이라는 두 글자로 단순하게 끝나는 게 아니라는 것을 다시 한 번 깨달았다. 무력 충돌은 멈췄다고 할지라도 살아남은 사람들에게 드리워진 전쟁의 그늘은 쉽게 사라지지 않는다. 엄마는 여전히 텔레비전에서 전쟁 이야기가 나오면 의식적으로 고개를 돌린다. 사라예보에서 열린 스레브레니차 학살 기록 전시에 갔다가 거기에서 사온 기념엽서를 엄마에게 보여 준 적이 있는데, 엄마는 엽서에 적힌 'Srebrenica'라는 지명만 보고도 손을 떨며 몸서리를 쳤다. 한바탕 전쟁이 휩쓸고 간 자리에서, 살아남은 자들은 어쩌면 죽은 자들보다 훨씬 더 불행한지도 모른다. 살기 위한 길고 긴 싸움을 시작해야 하기 때문이다.

어쩌면 알리사도 자신이 겪었던 그 모든 불행의 근본적인 원인이 엄마나 페들에게 있는 게 아니라는 것을 알고 있는지도 모른다. 알리사는 길거리에서 오렌지를 보면 그걸 그냥 지나치질 못했다. 오렌지는 엄마가 가장 좋아하는 과일이다. 3월 8일 여성의 날, 보스니아 사람들은 엄마와 여자 형제, 그리고 여자 친구를 위해 꽃을 산다. 알리사는 그날 남자 친구 아르만에게 돈을 빌려 엄마에게 작은 선인장 화분을 선물했다. 알리사는 엄마를 미워하는 것이 아니었다. 알리사가 나이답지 않게 엄마에게 배고프니 밥 차려 달라, 졸리니 이불을 깔아 달라 투정을 부리는 것은 함께하지 못했던 시간 동안 부재했던 엄마의 존재를 마음껏 느끼고픈 어리광이었다. 전쟁이 아니었다면 엄마는 페들과 재혼하지 않았을 것이고, 세 사람이 가족이 되는 일도 없었을 것이다. 전쟁이 남긴 상처가 엉겨 붙어 만들어진 가족, 지금은 그 상처들에 붙은 두터운 딱지를 떼어 내고 소록소록 새 살이 돋아나길 기다리는 시간이다.

사라예보에서 알게 된 올리버 아저씨가 내게 전시회 리플렛 하나를 건네며 시간을 내어 꼭 가보라고 했다. '갤러리 11/07/95'라는 의미심장한 이름을 가진 그 기록 전시관은 스레브레니차에서 인종 청소의 희생양이 된 무고한 시민들의 넋을 기리고 아직 발굴되지 않은 실종자들의 유해를 찾는 작업에 대중들의 관심을 불러일으키기 위해 2012년 건립된 곳이었다. 전시관의 이름이기도 한 1995년 7월 11일, 이 날은 스레브레니차에서 전무후무한 끔찍한 인종 학살이 시작된 날이다.

이날 스르브스카 공화국의 군대는 세르비아의 지원을 받아 "크리바야Krivaja 95"라는 작전명을 가지고 '유엔 안전지대'로 선포된 스레브레니차를 침공했고, 수만 명의 사람들이 피난 행렬에 올랐다. 스르브스카군은 유엔군과 함께 민간인 후송을 돕겠다는 협상을 타결했지만, 스르브스카군의 수장이었던 라트코 믈라디치Ratko Mladić 장군은 어쩐 일인지 후송 작업에 자신이 이끄는 군대의 트럭과 버스를 이용하겠다고 고집을 피웠다. 군인들은 대기하고 있던 주민들을 남성과 여성, 그리고 아이로 분류해 차에 나눠 태운 후 각기 다른 곳으로 보냈다. 그들 가운데 공식적인 집계로만 8,372명의 남성과 어린 남자 아이들이 7월 12일부터 7월 15일, 사흘에 걸쳐 스레브레니차의 체육관, 공장, 공터와 숲 속에서 잔인하게 살해되었다. 하루에 무고한 시민들을 2천 명 이상씩 죽인 셈이다.

당시 학살된 이들의 유해는 현재까지도 스레브레니차 일대에서 계속해서 발굴되고 있다. 전시장 한편에 마련된 '죽음의 벽'에는 학살된 이들의 영정 사진이 빼곡하게 걸려 있는데, 너무나 곱고 앳된 소년들의 얼굴에 시선이 닿으면 이내 마음이 저릿해지곤 했다. 유해를 발굴하는 이의 손을 마치 살아서 애원이라도 하듯 꼭 붙잡고 있는 죽은 자의 손, 발굴된 유해와 DNA를 맞춰 보기 위해 혈액을 채취하고 있는 실종자 가족, 시체가 묻힌 곳을 알리기 위해 누군가가 놓아 둔 팔과 입이 잘린 인형, 가족을 기다리는 600개의 관, 유엔군 주둔지에 낙서로 표출된 주민들의 분노와 원망들……. 커다랗게 인화되어 전시장에 걸린 사진 하나하나를 보면서 심장이 뒤틀리는 기분이 들었다. 산 자와 죽은 자들이 저마다 우리의 고통을, 우리의 슬픔을 잊지 말아 달라고 호소하는 듯했다.

중앙 전시장 바깥의 좁은 복도에서는 생존한 여성들의 회고 영상이 상영되고 있었다.

"군인들의 공격이 시작되었다는 소식에 건넛마을 주민들이 피난을 오기 시작했어요. 우리 집에 열세 사람을 숨겨 주었지요. 바짝 마른 노인들이 움직이지 못하자 사람들이 소금을 먹이라고 했는데, 집안에 먹을 것이라곤 하나도 없었어요. 고작 소금, 소금 때문에 사람이 죽더라고요. 언제부턴가는 몇 명이나 살아 있는지를 확인하는 것이 매일의 안부 인사가 되어 버렸지요. 우리는 모든 걸 잃어버렸습니다. 카타스트로파Katastrofa!"

노인의 회고를 듣는데 속이 토할 것처럼 울렁거렸다. 그 전시회는 인간이 인간에게 저질렀다고는 도무지 믿기 힘든 일들을 너무도 적나라하게 증언하고 있었다. 그런 일을 겪고도 삶의 의지를 꺾지 않고 살아가는 보스니아인들에게 경의를 느끼는 한편으로, 왠지 모를 죄책감이 함께 찾아왔다. 내가 자유롭게 오가는 이 길들이 그들에겐 지옥과도 같았을 것이다. 나는 전시장을 도망치듯 빠져나왔다. 민아

열네 번째 _____
상실, 우울,
그리고 희망이 경합하는 곳

발칸의 청춘들

"거기는 스르브스카Srpska라 여기서 가려면 택시비가 엄청 나올 거야. 내가 아는 택시기사를 불러 줄게. 일곱 시쯤 가면 되지?"

다음 날이면 세르비아 노비사드로 떠나는 내게 사라예보에서 사흘간 잠잘 방을 내어 준 올리버 아저씨가 말했다. 다음 날 아침, 택시는 정확히 일곱 시에 아저씨 집 앞에 도착했다.

사라예보에서 세르비아로 가는 버스를 타려면 시내에 있는 사라예보 중앙 버스터미널이 아니라 스르브스카 공화국● 내에 있는 '루카비차 터미널(동 사라예보 터미널)'로 가야 한다. 사라예보 중앙 터미널은 유럽으로 가는 국제 노선과 보스니아, 크로아티아 전역

● 유고슬라비아 붕괴 이후 보스니아 헤르체고비나는 1992년부터 세르비아인들이 대거 거주하는 지역과, 보스니아인, 크로아티아인 들이 다수인 지역으로 나뉘어 임의로 통치되고 있었다. 보스니아는 1995년 데이튼 협정이 체결된 이후 이를 바탕으로 스르브스카 공화국과 보스니아 헤르체고비나 연방으로 공식 분할되어 사실상 한 나라 안에 두 정체가 공존하게 되었다.

을 잇는 노선으로 운영되지만 루카비차 터미널은 오직 비셰그라드 Višegrad, 스레브레니차와 같은 보스니아 내 스르브스카 연방 도시와 세르비아, 몬테네그로로 향하는 버스만을 운행한다. 택시를 타고 가는 길, 간판의 글자들이 키릴 문자로 바뀌는 걸 보니 마치 다른 나라에 온 듯한 기분이 들었다.

노비사드로 가는 것은 밀레나를 보기 위해서였다. 우리는 내가 처음으로 발칸을 방문했을 때 소피아로 향하는 기차 안에서 만났다. 대학원에서 생물학 석사 과정을 밟고 있던 밀레나는 이스탄불에서 열린 세미나에 참석했다가 학교가 있는 노비사드로 돌아가는 길이었고, 나는 터키 여행을 마치고 불가리아로 가는 중이었다.

"꼭 직접 다녀야만 여행을 할 수 있는 건 아니라고 생각해. 그럴 만한 형편도 못되고. 대신에 너 같은 배낭여행자들의 이야기를 듣거나 책을 읽으면서 갈증을 해소해. 그러면 아프리카든 아시아든, 내가 원하는 곳 어디든지 가 볼 수 있거든."

만나기만 하면 서로의 여권을 꺼내 보이며 자신이 얼마나 많은 나라를 여행했는지 자랑하기에 바쁜 여행객들 틈에서 밀레나의 소박한 여행법이 참 색다르게 다가왔다.

8개월 만에 다시 만난 밀레나는 어느덧 대학원 졸업을 앞두고 있었다. 논문을 쓰면서 틈틈이 전자기기 상점에서 일하는 것으로 생활비를 벌었는데, 하루 종일 손님들의 휴대폰 번호와 이메일 주소를 알아내기 위해 굽실거리며 버는 돈이라고는 한 달에 고작

4천 디나르(5만 원)가 전부였다. 동유럽에 유례없는 폭설이 내리던 그해 3월, 밀레나는 부모님이 마련해 준 열 평짜리 자취방에서 벽에 붙은 라디에이터 하나에 의지해 겨울을 나고 있었다.

"대체 그 돈을 가지고 한 달을 어떻게 버텨?"

"부모님이 집에서 담근 라키야가 내 구세주야. 인터넷에 올리면 사람들이 직접 사러 오거든. 요즘은 집에서 만든 라키야를 사기가 쉽지 않아서 꽤 인기가 좋아. 급한 대로 그렇게 살고 있어."

여름이면 노비사드를 열광에 빠뜨리는 "엑시트EXIT" 축제 또한 밀레나에게는 중요한 수입원이었다. 축제 기간 동안 노비사드를 찾는 외국인 관광객들에게 집을 빌려 주면 그 기간 동안에만 50만 원 정도를 벌 수 있기 때문이다. 보스니아와 마찬가지로 세르비아 역시 곤두박질치는 경제와 치솟는 청년 실업률로 신음하고 있었다. 일자리 얻기가 워낙 하늘의 별따기이다 보니 젊은 사람들이 돈을 버는 방법도 가지각색이었다. 아예 세르비아를 떠나는 젊은이들도 늘었다. 밀레나가 6년을 넘게 사귄 남자 친구와 최근에 헤어지게 된 것도 그 때문이었다.

● 2000년부터 해마다 열리는 유럽에서 가장 유명한 음악 축제 가운데 하나이다. 세르비아와 발칸의 자유와 민주화를 갈망하는 대학생들이 평화로운 시위의 일환으로 만든 이 축제는 애초에 발칸 지역 음악인들이 중심이었고, 그것이 이 축제가 지니는 가장 큰 의미이자 매력이었다. 하지만 밀레나의 말에 따르면 노비사드가 축제 기간 동안 얻는 관광 수익에 관심을 가지면서 그 성격이 점차 상업적으로 변질되어 이제는 대중적인 영국 밴드가 중심이 된 천편일률적인 축제가 되었다고 한다.

"돈 벌겠다고 미국으로 떠나더니 스물한 살짜리 멕시코계 미국인이랑 약혼을 했더라고. 비자 때문에 어쩔 수 없었다나? 저널리스트가 되겠다고 그렇게 열심히 공부하더니, 미국까지 가서는 고작 불법 체류자 신세가 됐지 뭐야."

미국과 중국 자본에 잠식당한 세르비아의 물가는 사람들의 평균 임금을 고려하면 기형적인 수준으로 높았다.

"보통 대학 졸업생들이 처음 받는 월급이 50만 원 정도인데, 운동화 한 켤레 값이 5만 원이 넘어. 임금 수준은 한참 낮은데 물가는 다른 유럽이나 미국이랑 똑같다니까? 이 나라에는 중간이란 게 없어!"

밀레나는 세르비아에는 도무지 미래가 없다며, 게으르고 무기력한 데다 이기적이기까지 한 자기 나라 사람들을 비난했다. 하지만 그게 어디 사람들의 성향 탓이기만 한 걸까? 세르비아 민족주의를 표방하며 일으킨 전쟁은 역설적이게도 세르비아인들에게 가장 큰 피해를 입혔다. 전쟁 가해자로 낙인찍힌 세르비아인들은 종전 후 자신이 살던 고향으로 돌아가지 못했다. 크로아티아인과 보스니아인 들이 가하는 차별과 배제, 그리고 분노가 두려웠기 때문이다. 특히 보스니아처럼 세르비아인들의 거주 영역이 합법적으로 규정되어 있지 않은 크로아티아에서는 그 차별이 더욱 노골적이다. 전쟁으로 이득을 본 사람은 민족주의를 조장해 권력과 자본을 독점하는 수단으로 삼았던 정치 엘리트, 지식인, 일부 기업가들뿐

스무 살, 흔들리는 청춘의 여행 인문학

이었다. 밀레나와 같은 서민들은 보스니아 사람들과 다를 바 없이 전쟁의 여파와 이후의 경제 붕괴를 온몸으로 견디고 있었다.

크로아티아에 사는 마르티나가 체감하는 현실 또한 밀레나의 그것과 크게 다르지 않았다. 2013년 여름, 크로아티아 정부는 유럽연합의 28번째 회원국이 된 것을 자축하며 국민들에게 온갖 장 밋빛 꿈을 꾸게 했지만, 마르티나는 오히려 "위기는 늘 있었지만 지금이 최악"이라고 서슴없이 이야기했다. 마르티나는 지난 해 워크캠프에서 만난 친구로, 크로아티아의 수도 자그레브에서 부모님, 오빠네 가족과 함께 살고 있었다. 3대에 걸친 여덟 식구 가운데 일을 하는 사람은 아무도 없다고 했다.

"엄마는 이미 오래 전에 명예퇴직했고, 아빠는 레스토랑에서 일하다가 지난주에 해고됐어. 오빠는 일하던 공장이 부도가 나는 바람에 무작정 집에서 기다리고 있는 중이고, 새언니는 임신을 하면서 전업주부가 됐지."

마르티나는 자신을 만나기 위해 먼 길을 달려온 내게 만나자마자 집안 사정부터 털어놓을 수밖에 없는 것을 창피하고 미안하게 생각했다. 마르티나의 집은 여덟 식구가 산다고는 믿겨지지 않을 만큼 정적이 흐르고 있었다. 내가 처음 도착한 날, 가족들이 다 함께 마당으로 나와 나를 맞이해 주었는데, 그들이 한군데 모인 것을 본 것은 그때가 처음이자 마지막이었다. 집 안에서 유일하게 인기척을 내는 것은 마르티나의 다섯 살 난 조카 토미뿐이었다.

로스쿨을 다니며 사법고시를 준비하는 마르티나와 자그레브 시립도서관에서 공부를 하다 나오는데, 건물을 빠져나오자마자 무시무시한 태풍이 불어닥쳤다. 내 입에서 무의식적으로 "카타스트로파!"라는 말이 튀어나왔다. 그 말을 들은 마르티나가 배꼽을 잡고 웃었다.

"맙소사! 대체 그런 말은 어디서 배운 거야?"

"나도 모르겠어. 여기 여행하는 동안 하도 많이 들어서 입에 붙었나 봐."

그러고 나서 생각해 보니 정말 이곳 사람들은 카타스트로파, '재앙'이라는 섬뜩한 말을 습관적으로 했다.

얼마 전 사라예보에서 만난 아드미르는 "나는 사람들에게 보스니아라는 나라가 가진 매력을 보여 주고 싶어. 그런데 왜 여기에 오는 사람들은 오직 전쟁에 대해서만 묻는 걸까?" 하고 내게 속상함을 털어놓았다. 그에게 차마 '나도 사실은 그 이야기가 듣고 싶어 여기에 온 거였어'라고 솔직하게 고백할 수가 없었다. 카진Cazin 지역 출신으로 사라예보 대학에서 건축을 공부하고 있는 아드미르는 사라예보의 중요한 건축물에 얽힌 역사를 설명하며 다양한 문화들이 평화롭게 공존하던 보스니아의 과거를 보여 주려 노력했다. 하지만 그 와중에도 폐허가 된 건물들이 눈에 먼저 들어오는 것은 어쩔 수 없었다.

아드미르의 말처럼 머릿속에 전쟁만 꽉 들어찬 상태로 발칸을 여행하는 것은 그곳에 사는 사람들에게 실례인지 모른다. 하지만 스레브레니차라는 단어만 들어도 경기를 일으키는 사람들, 먹고 살기 위해 어떻게든 다른 나라로 떠나려는 젊은이들, 아침부터 밤까지 마리화나와 술에 절어 유령처럼 마을을 배회하는 이들에게서 전쟁의 그림자를 완전히 걷어 내기란 어려워 보였다. 어떤 이는 다 잊어야 한다고 말하고, 어떤 이는 기억해야 한다고 말한다. 끊임없이 망각의 필요와 기억의 요구 사이를 오가야 하는 발칸 사람들의 피로가 느껴졌다.

사라예보에서 친구와 함께 살고 있는 아드미르의 아파트에 놀러 간 적이 있다. 건축학도답게 아드미르의 방 벽면에는 그가 직접 설계한 도면들과 풍경을 담은 스케치들이 붙어 있었는데, 그보다 인상적이었던 것은 여기저기 붙어 있는 "Be responsible!"이라는 메모였다. 무슨 뜻이냐고 물었더니 아드미르는 가족의 일원으로, 한 사회의 시민으로 자신이 져야 할 '책임'을 스스로 상기시키기 위해서라고 했다.

"나는 사실 어른이 되는 게 너무나 두려워. 무책임한 정부와 어른들을 보며 늘 그런 두려움을 가지고 살았어. 그들과 똑같은 어른이 되고 싶지는 않아. 정말로! 민아야, 우린 멍청한 어른이 되지 말자."

이제 고작 스물세 살인 대학생이지만, 아드미르는 충분히 어른 스러웠다. 어쩌면 우리가 진정으로 기억하고 잊지 말아야 할 것은 아드미르의 말처럼 '책임'이 아닐까? 가해자로서의 책임이든, 살아 남은 자로서의 책임이든, 책임을 다 한 사람만이 과거로부터 자유 로워질 수 있을 것이다. 그렇기에, 발칸의 사람들은 아직도 기억과 의 싸움을 끝내지 못하고 있는 것인지 모른다.

이 글을 쓰고 있는 와중에, 보스니아에서는 주목할 만한 변화 들이 있었다. 투즐라의 공장에서 시작된 시위가 전국으로 확산되 더니 급기야는 정부 청사와 대통령 궁이 보스니아 시민들의 손에 불타 버렸다. 임금 체불에 분노한 투즐라의 노동자들이 일으킨 작 은 시위에서 시작되었지만, 그들의 움직임은 곧 일자리를 구하지 못해 잉여로 전락한 청년들, 노동하는 빈곤층, 허리띠를 졸라매도 살아갈 방법이 없는 서민들을 거리로 나오게 했다. 온순하고 고분 고분했던 시민들이 마침내 정부의 방관하는 태도에 지쳐 "못살겠 다. 갈아엎자"고 나선 것이다. 보스니아의 독립 이후 처음 일어난 대대적인 시위였다고 한다. 아드미르의 단짝 친구인 샤넬라가 그 시위의 한가운데에서 내게 편지를 보내왔다.

To. 민아

지난 한 주는 내게 정말 힘든 시간이었어. 시위가 시작된 첫째 날, 나
도 거기에 있었단다. 수많은 감정들이 한꺼번에 찾아왔어. 무기력함,
공포, 행복, 그리고 슬픔까지. 그렇지만 나는 지금 사람들이 정말 자
랑스러워. 지난 20년 동안 그들은 내셔널리즘에 중독된 정치인들의
부패에 늘 눈감아 왔었거든. 지금의 이 혼란이 결국에는 우리에게
좋은 결과를 가져올 거라 믿어. 사람들의 입을 막으려는 권력의 압
박이 있고, 실종된 사람들도 있지만 우리는 힘껏 싸우는 중이야.
정부 청사가 시민들이 던진 화염병에 불타던 날, 그 거리의 혼돈은
내게 전쟁을 떠오르게 했어. 전쟁과 관련된 기억이 많지 않지만 그
폭음만은 똑똑히 기억하고 있거든. 그런데 이번엔 건물이 타오르고,
사람들이 거기에 돌을 던지는 걸 보니 희열이 느껴지지 뭐야. 정말이
야. 그날 내가 본 것은 한 시대의 종말이었어. 마치 그간의 좋지 않던
모든 기억들이 불태워지는 것처럼 말이야. 그 불길이 무의미한 것이
아니었기를 바랄 뿐이야.
요즘은 가만히 있어도 눈물이 나. 이 모든 나쁜 감정들을 폭파시켜
버릴 거야. 우릴 생각해 줘서 고마워.

너의 친구, 샤넬라로부터

오늘날까지 발칸의 모든 나라들은 빈곤 국가로 분류된다. 보스니아의 삶의 질은 몇 년째 최빈국에 머물고 있는 에티오피아만도 못하다. 보스니아인들 대부분은 빈곤뿐 아니라 정신적인 박탈감까지 함께 안고 있기 때문이다. 종종 발칸이 아프리카나 아시아에 속한 땅이었다면 오히려 사정이 낫지 않았을까 하는 생각을 하곤 한다. 발칸은 유럽이기에 잊혀진 땅이 되어 버린 것은 아닐까?

네지르, 알리사, 아드미르와 샤넬라, 그리고 밀레나와 마르티나, 발칸에서 만난 나의 또래 친구들은 모두 각자의 자리에서 더 나은 삶, 더 나은 미래를 위해 발버둥치고 있었다. 그들은 자신들 각자의 조국이 아름다운 자연과 문화유산, 끈끈한 연대의 힘으로 다시 일어설 수 있다고 믿는다. 나는 그들만큼 자신의 조국을, 연대를 생각하는 청춘들을 본 적이 없다. 이들의 투쟁이 너무 늦지 않게 싹을 틔울 수 있길, 그래서 발칸이 전쟁으로 고통 받고 있는 땅이 아니라 전쟁을 이겨내고 끝내는 희망을 일궈 낸 땅으로 기억되길, 나의 친구들이 그 안에서 자신들의 꿈을 마음껏 펼칠 수 있기를 진심으로 응원한다.

그들이 광장으로
나가는 이유

〈어느 남편의 부인 살리기An Episode in the Life of an Iron Picker〉라는 영화가 있다. 63회 베를린 영화제에서 심사위원대상과 남우주연상을 수상하기도 한 이 영화는 실화를 바탕으로 실제 인물들이 직접 출연해 만든 보스니아 영화이다. 주인공 나지프는 고철을 주워 팔아 간신히 먹고 사는 로마인으로, 어느 날 아내 세나다가 극심한 배의 통증을 호소해 병원에 갔다가 뱃속의 아이가 유산되었다는 사실을 알게 된다. 아내의 목숨이 위태로운 상황에서도 의료보험이 없다는 사실이 나지프를 괴롭힌다. 병원에서는 수술비를 가져오기 전에는 수술을 할 수 없다는 말만 반복한다. 절박한 심정으로 지역의 시민단체를 찾아간 나지프는 그들에게 억울함을

● 다니스 타노비치Danis Tanovic 감독, 2013. 남자 주인공 나지프 무이치의 실제 사연을 바탕으로 만든 영화이다. 나지프는 이 영화로 베를린 국제영화제 은곰상인 남자연기자상을 수상했지만 그 트로피를 약 150유로에 팔아 버리고 다시 일상으로 돌아왔다.

호소한다.

"맹세합니다. 나도 참전 병사였어요. 내 동생까지 잃었지만 국가
로부터는 어떠한 보상도 받지 못했습니다."

로마인이지만 보스니아를 조국으로 생각하며 싸웠는데, 정부는
그를 국민으로 여기지 않았다.

전쟁 이후 지금까지 보스니아 정부는 가장 중요한 의료 제도조
차 제대로 정비하지 못하고 있다. 독립 이후에 의료보험을 갱신하
지 못한 사람들은 간단한 치료도 제때 받지 못해 죽거나 병을 키
우는 일이 부지기수이다. 알리사도 훈련 중에 왼쪽 무릎 인대에
부상을 당해 치료를 받아야 했지만 의료보험증이 없어 병원에 가
지 못했다. 대신 엄마가 약초를 뜯어다 만든 크림을 바르며 한 달
이상을 집안에 꼼짝없이 갇혀 지냈다.

무책임한 정부가 유고슬라비아 시절의 법률과 행정 체계를 개편
하지 않아 생기는 문제들은 그렇지 않아도 힘든 서민들을 더욱 괴
롭힌다. 단적인 예로 독립 이후 주민등록제도를 손보지 않고 유고
슬라비아 시절에 사용하던 주민등록 일련번호를 그대로 사용하
다가 2013년 2월 이후에 태어난 신생아들에게 더 이상 번호를 부
여할 수 없는 사태가 벌어졌다. 문제는 목숨이 위태로운 상황에서
수술을 하기 위해 독일로 원정을 가야 했던 3개월짜리 여자 아이
가 그 때문에 여권을 발급받을 수 없어 출국을 하지 못하게 되면

서 일어났다. 벨미나라는 이름의 여자 아이는 속수무책으로 주민
등록번호가 나올 때까지 기다리는 수밖에 없었다.

아이의 생명보다 법 체계를 우선시한 무능한 정부에 분노한 시
민들은 국회 광장에 모여 시위를 벌였다. 아드미르와 샤넬라도 수
업이 끝나면 곧바로 광장에 나가 밤새 다른 시민들과 함께했다. 시
민들의 항의가 거세지자 정부는 부랴부랴 아이에게 임시 주민등
록번호를 발급해 주었지만, 상태가 심각해진 벨미나는 결국 첫돌
도 맞지 못하고 숨을 거두고 말았다.

영화 속 세나다는 거의 죽기 일보 직전에 올케의 의료보험증을
빌려 수술을 받을 수 있었다. 나지프와 형편이 다르지 않은 이웃
들은 땔감이나 일거리를 나눠 주었다. 국가의 보호를 전혀 기대할
수 없는 보스니아의 시민들이 살아남기 위해 택할 수 있는 유일한
방법은 이처럼 서로에게 의지하며 연대하는 것뿐이다. 그리고 지
금 보스니아의 시민들은 그 연대의 울타리를 넓히기 위해 일어서
고 있다. 민아

4

〰

끝나지 않은
여행

열다섯 번째 _____
에티오피아의 양철 지붕

변한 것과
변하지 않는 것

"양철 지붕에 부딪치는 빗소리가 들렸을 때, 그제야 내가 고향
에 돌아왔다는 걸 실감했어."

한국에서 일하다 5년 만에 고향으로 돌아온 다윗이 인제라를
먹으며 말했다.

"한국에 있을 때는 하루 종일 공장 안에 있으니까 비나 눈이 와
도 그걸 느끼지 못했거든."

다윗은 2007년 한국에 들어와 2011년 말에 '불법 체류자' 단속
에 적발돼 화성 외국인 보호소에서 한 달을 머물다 강제 출국을
당했다. 다윗의 옆에 앉은 엘리아스는 그보다 6개월 전에 에티오
피아로 돌아왔는데, 한국말이 꽤 유창한 편이라 돌아오자마자 농
업국에 파견된 한국인의 비서로 일하게 되었다. 다윗과 엘리아스
모두 한국에서부터 알고 지냈던 친구들이다.

다윗은 한국에서 일하며 모은 돈으로 집 마당에 건물을 새로

지어 세를 줄 계획을 세우고 있었다.

"오랜만에 고향에 돌아온 소감이 어땠어? 어색하진 않아?"

"사람들이 내 얼굴을 어색해하던데?"

다윗의 농담에 웃음을 터트리니 다윗은 웃을 일이 아니라고, 한국으로 떠날 때만 해도 아직 어린아이 같다는 소리를 들었는데, 이제는 다들 아저씨 취급을 한다고 볼멘소리를 했다. 스물네 살에 고향을 떠나 5년 만에 돌아왔으니, 그럴 만도 했다. 어느새 흰머리가 듬성듬성한 엘리아스도 사뭇 중후한 냄새를 풍기기는 마찬가지였다. 그들이 그렇게 한국에서 나이를 먹어가는 동안 에티오피아도 많이 변했다. 빗소리를 머금고 울려대는 양철 지붕은 여전히 그대로이지만 말이다.

이미 에티오피아 생활에 적응해 아디스아바바의 주민이 된 엘리아스와 다윗은 "모든 것이 그대로"라고 했지만, 내가 보기엔 2년 만에 다시 찾은 에티오피아는 전과 많이 다른 모습이었다. 가장 먼저 눈에 들어온 것은 볼레 공항에 내리자마자 마주친 동양 사람의 얼굴이었다. 대부분 투자와 건설업을 위해 온 중국인들이라고 했다. 시내 식당에서는 두 배 가까이 오른 에티오피아의 물가를 실감했다. 아디스아바바 전경을 한눈에 볼 수 있는 쉐라톤 호텔에 서니 전에 없던 스카이라인이 어렴풋이 형성돼 있는 것도 눈에 들어왔다. 새로운 건물들이 하늘을 향해 열심히 벽돌을 쌓아 올리고 있었다. 세련된 카페와 레스토랑, 그만큼 세련된 옷차림의 젊은

이들을 볼 때면 이곳이 정말 내가 불과 두 해 전에 머물렀던 그 도시가 맞나 싶을 정도였다. 지부티의 항만과 아디스아바바를 잇는 기찻길 공사로 여기저기 도로들이 파헤쳐져 유례없는 교통체증을 빚었고, 그렇게 파헤친 도로의 흙들이 물길을 막는 바람에 잠시 내린 소나기에도 홍수가 났다. 많은 변화들 가운데서도 가장 놀랐던 것은 밤늦은 시간까지 환하게 불을 켠 가로등이었다. 아디스아바바는 놀라운 속도로 발전하고 있었다.

에티오피아에 머무는 동안 지인들의 소개로 그린카드*에 당첨되어 미국과 에티오피아 양쪽을 오가며 사는 사람들을 몇 명 만났다. 그들은 미국에서 번 돈으로 아디스아바바의 부동산을 사들여 임대 수익으로 순식간에 졸부가 되었다. 그들 중 한 명인 타파리는 고작 30대 후반의 나이에 아디스아바바 시내에만 나이트클럽을 두 곳이나 운영하고 있었고, 볼레에는 으리으리한 집이 여섯 채나 되었다. 일찍이 그린카드를 손에 쥔 부모에게 투자를 받아 돈을 끌어모은 것이다. 타파리는 사흘 뒤면 태어날 아이를 위해 아내를 데리고 미국에 원정 출산을 갈 계획이었다.

내가 만난 대부분의 에티오피아 사람들은 기회만 있으면 고국을 떠나려고 했다. 그들에게 에티오피아는 사랑하는 조국이자 영

---

* 미국 영주권을 의미하는데, 그 색깔 때문에 그린카드라 불린다. 에티오피아 같은 개발도상국 사람들이 신청을 하면 보통 결과가 나올 때까지 3~4년이 걸릴 정도로 기준이 까다롭다 보니 영주권을 얻은 이들은 "그린카드에 당첨되었다"라는 표현을 쓴다.

스무 살, 흔들리는 청춘의 여행 인문학

원한 뿌리일지는 몰라도, 현실에서는 더 나은 기회를 위해 거쳐 가는 정거장에 불과했다. 한국에서 일을 하거나 공부를 하다가 돌아온 친구들도 마찬가지였다. 다윗은 몇 달 뒤면 동생 부부가 사는 미국으로 떠날 예정이었고, 정부 초청 장학생으로 한국에 와서 대학원을 마친 아스나크는 여자 친구가 있는 과테말라에 가기 위해 수속을 밟는 중이었다.

"한국에서 박사 학위까지 받고 돌아왔는데도 내가 한 달에 받는 월급은 여전히 2,500버르야. 정부에서 대학 교수들의 월급을 올려주겠다고는 했지만, 그게 언제가 될지는 알 수 없지."

아스나크는 유학 전 강사로 일하던 짐마 대학에 다시 돌아가 교편을 잡았지만, 한국 돈으로 채 13만 원이 되지 않는 월급을 받고 있는 자기 자신에게 자괴감을 느낀다고 했다. 조국에서 기회의 문이 열리길 기다리다가 인내심이 바닥나 버린 사람들의 시선은 자연히 국경 너머를 향한다.

다윗도, 아스나크도, 팍팍한 현실을 살고 있기는 했지만 어쨌든 떠날 수 있는 기회가 있다는 것만으로도 그나마 '있는 자'에 속했다. 이들의 반대편에 있는, 돈도 기회도 없는 진짜 가난한 이들의 삶은 오히려 지난 2년 사이에 더 척박해진 듯했다. 과거 하이리의 친구나 친척들이 지붕과 벽을 맞대어 살던 마르카토나 사바텡야의 판자촌들은 대형 건물과 도로에 밀려났고, 사람들의 삶도 궁지로 내몰렸다. 게다가 정부는 길거리 구걸을 근절하겠다고 구걸하는 이에게 돈을 주는 사람에게까지 벌금을 물렸다. 근본적인 문제는 해결하지 않고 눈에 거슬리는 것만 치우고 보겠다는 태도는 한국이나 에티오피아나 마찬가지였다.

물가는 치솟는데, 임금은 그대로이고, 여전히 정규직의 비율은 턱없이 낮았다. 타파리 소유의 집에서 나이트가드(경비원)로 일하는 시세이 아저씨는 아내와 두 딸을 둔 가장이다. 아저씨는 저녁 아홉 시에 출근해 아침 여섯 시까지 밤을 새워 일을 한 뒤, 제대로 눈을 붙일 틈도 없이 아침 아홉 시부터 다섯 시까지 공사 현장에서 일을 한다. 하루 열일곱 시간을 일하는 살인적인 일상이다. 제대로 된 안전장비도 없이 공사 현장에서 일을 하는 아저씨는 목숨을 내놓고 사는 거나 마찬가지였다. 그렇게 일해도 손에 쥐는 돈은 한 달에 10만 원이 고작이다.

아디스아바바의 현실은 이처럼 잔인하고 비참하지만 지방에 사는 이들은 그런 기회라도 잡겠다고 꾸역꾸역 아디스아바바로 올라온다. 바하르다르Bahar Dar에서 태어나 열세 살에 혈혈단신 아디스아바바에 온 아브라함은 시세이 아저씨가 일하는 건물의 관리인 겸 조수다. 정해진 휴일이 없는 것은 물론이고, 한 달에 받는 돈은 겨우 1천 버르, 우리 돈으로 6만 원 정도였다. 버스 한 번만 타면 갈 수 있는 고향을 가보지 못한 것이 벌써 7년째라고 했다. 고향이 그립진 않느냐고 물었다.

"고향에는 가족들이 있기는 하지만, 돈을 벌 수가 없잖아요. 그

래도 여기가 났죠. 내가 일해서 돈을 보내 주면 엄마가 행복할
거예요."

아브라함을 보니 그와 비슷한 나이에 아디스아바바에서 홀로
밑바닥을 전전했던 하이리가 생각났다. 2년이 지난 지금도 아디스
아바바에는 제2, 제3의 하이리들이 살기 위한 싸움을 계속하고
있었다.

2012년 8월 20일, 다윗과 엘리아스와 함께 저녁을 먹고 집으
로 돌아왔는데, 다윗의 가족들이 전부 텔레비전 앞에 모여 있었
다. 에티오피아 총리 멜레스 제나위가 지병으로 서거했다는 소식
이 뉴스에서 흘러나왔다. 멜레스는 벨기에의 병원에서 숨을 거두
었다고 한다. 그간 멜레스가 이미 사망했다는 소문이 무성했던 탓
에, 정작 뉴스에 놀라는 사람들은 없었다. 멜레스의 죽음은 20여
년에 걸친 기나긴 독재의 끝을 의미하는 것이기도 했다.

"민아야, 내일부터는 밖에 다닐 때 특별히 조심해."

다윗이 당부했다.

"왜? 뭘 조심하라는 거야?"

"반정부 성향을 가진 사람들이 시위를 일으키면 군인들은 곧바
로 그 자리에 있는 누구든 쏴 죽일 수 있어."

이는 에티오피아력*으로 1997년에 실제 일어났던 일이다. 총선
과정에서 부정이 있었다는 의혹이 일었고, 멜레스 총리의 퇴진을

요구하는 민주화 시위가 벌어졌다. 이때 경찰과 군대의 강경 진압으로 193명이 사망했다. 이는 정부에서 발표한 숫자일 뿐, 대부분의 사람들은 실제로는 그보다 훨씬 더 많은 사람이 사망했을 거라고 추정한다. 엘리아스네 동네에서 가장 많은 사람이 죽었는데, 그중에는 겨우 18개월 된 아기도 있었다.

"사람들은 분노했어. 그때 경찰을 지휘한 총사령관은 감벨라 출신으로 암하릭도 모르는 작자였는데, 사람들 말을 못 알아들으니 무고한 이들까지 무력으로 제압해 버렸다는 말도 있어."

이후로도 멜레스는 7년을 아무 일 없이 재임해 죽기 전까지 통치권을 놓지 않았다. 텔레비전에서는 하루 종일 멜레스의 추모 영상이 나왔고, 거리마다 조기가 펄럭였다. 그의 시신이 담긴 관이 볼레 공항을 통해 들어오던 날, 사람들은 촛불을 들고 거리로 나왔다. 젊은 사람들이 "그는 죽지 않았습니다. 그는 영원히 우리 마음속에 있을 겁니다"를 반복적으로 외쳤다. 촛불들의 행렬은 새벽 두 시까지 계속되었다.

2010년 『포린폴리시』가 선정한 전 세계 10대 독재자 가운데 한 사람이었던 멜레스의 시대는 그렇게 막을 내렸다. 멜레스의 죽음을 바라보는 시민들의 반응에는 온도 차이가 있었다. 촛불을 들고 애도하는 사람이 있는가 하면, 독재자의 죽음에 냉소를 보내는 사

● 우리가 쓰는 일반적인 달력(그레고리력)으로는 2005년의 일이다.

람도 있었고, 다윗의 가족들처럼 그의 죽음보다는 멜레스 이후의
에티오피아를 걱정하는 사람들도 있었다. 민족들 간의 이해관계
가 복잡하게 얽혀 있는 에티오피아에서는 당연한 일이었다. 멜레
스가 속한 티그레이Tigrey족은 전체 인구의 약 10퍼센트에 불과하
지만 멜레스가 통치한 지난 수십 년간 에티오피아의 모든 권력과
자본을 손에 쥐고 흔들었다. 반면 전체 인구의 약 40퍼센트에 달
하는 오로모Oromo족은 가장 넓은 땅과 가장 많은 인구를 자랑하
지만 가장 배제된 삶을 살고 있다.

"다음엔 과연 누가 정권을 잡을까? 확실한 건 오로모 출신은
아니라는 거겠지."

"쉿! 그런 얘기는 밖에서는 절대로 하면 안 돼. 알았지?"

다윗은 카페나 식당 같은 공공장소에서 정부나 정치에 대해 이
야기하는 것을 극도로 경계했다. 언론이 철저히 통제되고 있는 에
티오피아 사회에서 자신의 견해를 표현한다는 것은 그만큼 두렵
고, 큰 용기를 필요로 하는 일이다.

물론 이러한 복잡한 이해관계와 상충하는 욕구들에서 멀리 떨
어져서 에티오피아를 에티오피아답게 지켜나가려는 사람들도 많
았다. 다윗의 가족은 비어 있는 별채에 세를 놓아 돈을 버는 대신
에 이웃들이 언제든 찾아와 기도할 수 있도록 예배실을 만들었다.
그곳에서 주말이면 마을 어르신들을 초대해 식사를 대접하기도

한다. 목사였던 아버지가 생전에 해오던 일을 아버지가 돌아가신 뒤에도 변함없이 계속하고 있는 것이다.

"이제는 아버지도 안 계신데, 그만 해도 되지 않을까요?"

남편이 떠나고, 아들은 한국에서 이제 막 돌아와 또 다시 미국으로 떠날 준비를 하고 있는 상황에서, 혼자 그 모든 일을 하고 있는 어머니가 안쓰러워 건넨 말이었다.

"민아야, 인간은 태어날 때 신으로부터 두 개의 항아리를 받는단다. 한 쪽에는 물질을 채우고, 다른 한 쪽에는 영혼을 채우는 거지. 첫 번째 항아리는 다 채우지 못했더라도 두 번째 항아리를 잘 채운 사람은 항아리를 가볍게 이고 천국으로 갈 수 있지만 물질만 가득 채운 사람은 무거운 항아리를 짊어지고 가느라 천국으로 가는 여정도 지옥처럼 느껴질 거야."

다른 사람은 몰라도 다윗의 어머니가 들고 갈 항아리는 아마도 반짝이는 영혼으로 출렁거리리라 생각했다. 각자의 방식으로 삶의 존엄성을 지켜나가는 사람들, 그들의 삶이 발하는 반딧불이같이 은은하고 작은 불빛들이 이 나라를 아름답게 한다. 사실 그런 것들이 나를 여행으로 이끈 가장 큰 힘이었다. 멋진 풍경도, 엄청난 축제도 아닌, 그렇게 평범한 사람들 말이다.

스무 살, 흔들리는 청춘의 여행 인문학

열여섯 번째 _____
따라해 봐, 하바샤!

한국에서 만난
에티오피아 친구들 I

첫 번째 에티오피아 여행에서 돌아왔을 때까지만 해도 나는 한국에 에티오피아 사람이 살 거라고 생각하지 않았다. 에티오피아뿐만 아니라 아프리카 사람들이 이 먼 땅까지 와서 살고 있으리라 여겨본 적이 없다. 그런데 인연은 운명처럼 이어졌다.

2010년 9월 추석 연휴가 코앞이던 그때, 4개월간의 여행을 마치고 돌아온 내 수중에는 단 돈 천 원도 없었다.

"아빠, 이번 추석은 그냥 엄마랑 보낼게."

빈손으로 고향에 내려가기가 멋쩍어 둘러댄 말이었다. 대신 연휴가 긴 8일 동안 백화점 물류 창고에서 단기 아르바이트를 했다. 백화점에서 주문받은 선물세트를 택배 아저씨의 차를 타고 따라다니며 가정이나 사무실로 배달하는 일이었다.

매일 아침 일곱 시까지 구로 물류창고에 가서 그날 배달할 상품들을 확인한 뒤 차에 싣는 것으로 하루 일과가 시작되었다. 그 뒤에는 택배 아저씨와 함께 차에 타서 그날 하루의 동선을 짜고, 수령인들에게 일일이 문자를 보내 확인을 하고, 물건을 전달했다. 점심 먹을 시간도 없어 차 안에서 차가운 김밥으로 끼니를 때워야 할 만큼 바쁜 나날이었다. 그날 물량을 다 소화하지 못하면 다음 날 일이 더 많아지기 때문에 택배 아저씨는 나를 달리는 말에 채찍질하듯 마구 재촉했다. 처음에는 아저씨가 원망스럽다가 나중에는 점점 손발이 맞아 동지애가 생길 정도였다. 고작 일주일 남짓이었지만 아르바이트생들끼리도 무척 친해져 마지막 날에는 다들 아쉬운 마음에 회식을 했다. 그 자리에서 이런 저런 이야기를 나누다가 내가 에티오피아 여행을 다녀왔다는 이야기를 하니 맞은편에 앉아 있던 언니가 반갑다는 듯이 말을 건넸다.

"혹시 〈피난처〉라는 단체 알아요? 거기에서 자원봉사를 하며 만난 에티오피아 사람이 있어요. 연락을 안 한지 꽤 됐지만, 궁금하면 메일 주소라도 알려 줄 수 있어요."

그날 밤, 집에 돌아오자마자 메일을 보냈다.

데이브 씨께.

안녕하세요. 서울에 사는 민아라고 해요. 우연히 데이브 씨를 아는 분을 만나 소개를 받게 되었어요. 저는 3개월 동안 에티오피아를 여행하다가 얼마 전에 한국에 돌아왔답니다. 하지만 다시 에티오피아로 돌아가고 싶어요. 제게 암하릭을 가르쳐 주실 수 있나요? 가끔 만나서 이야기만 나누어도 좋아요. 서울에 산다니 반갑네요. 답장 기다릴게요.

답장은 그날 새벽에 왔다.

반가워요. 내가 할 수 있는 일이라면 뭐든 기꺼이 돕고 싶어요. 에티오피아에 다녀왔다니! 그것만으로도 당신과 나는 이미 '우리'예요. 만나요! 내 번호예요. 010-28××-××××.

데이브와 나는 며칠 뒤 박노해 시인의 사진전이 열리는 세종문화회관에서 만났다. 데이브는 처음 만나는 내 앞에서도 긴장하거나 어색한 기색이 전혀 없어, 단번에 사람 만나길 좋아하는 성격이란 것을 알 수 있었다. 전시 사진 중에는 박노해 작가가 에티오피아에서 찍어온 것들이 꽤 걸려 있었다. 데이브는 유독 한 사진 앞에서 발을 떼지 못했다. 에티오피아의 농부가 소 쟁기로 밭을 가는 모습을 담은 사진이었다.
"이 사진이 마음에 들어요?"
"문득, 이런 곳에서 내가 태어났다는 게 참 축복이라는 생각이 들었어요. 봐요! 사람과 자연, 모든 게 정말 아름답지 않나요? 에티오피아가 너무 그립네요."

이후로 나는 시간이 날 때마다 데이브를 만났고, 그때마다 그는 매번 새로운 에티오피아 사람들을 소개해 주었다. 지금 나와 가족처럼 지내는 에티오피아 친구들은 모두 데이브가 맺어 준 인연이다. 그중 우리가 '테스'라고 부르는 테스파예는 데이브의 둘도 없는 단짝으로, 데이브가 처음으로 소개시켜 준 친구이기도 했다. 패션과 음악에 관심이 많고, 항상 '스타일'을 중요하게 생각하는 테스는 먼저 한국에 와서 정착한 누나를 따라 들어와 무역회사에서 일하고 있었다. 퇴근을 하고 막 달려왔다는 테스는 배가 어지간히 고팠는지 나와 통성명을 하기도 전에 오는 길에 사왔다는 타코를 입에 물었다.

"안녕, 나는 민아야. 데이브가 자기랑 가장 친한 친구라고 소개해 주고 싶다고 해서 왔어."

"오, 나는 테스파예야. 반가워. 너도 먹을래?"

그가 먹고 있던 타코를 내게 내밀었다.

"아니, 나는 타코 말고 인제라!"

테스와 데이브는 내 말에 빵 하고 웃음을 터뜨렸다.

"인제라가 먹고 싶다면 당연히 우리 집에 와야지. 우리 누나가 만든 인제라가 끝내 주거든."

테스의 누나 메자는 MBA 과정을 밟기 위해 2004년 한국에 왔다가 지금은 대학에서 학생들을 가르치고 있다고 했다. 혈혈단신으로 한국에 와 교수가 되고, 그 힘으로 막내 동생 대학공부까지 시킨, 가족을 끔찍하게 사랑하는 사람이었다. 나는 처음부터 메자를 언니라고 불렀고, 언니도 처음부터 나를 스스럼없이 대했다. 손수 만든 인제라를 차려 주며 언니가 말했다.

"나는 이 집이 우리 고향집처럼 늘 사람들로 붐비고 시끄러운 게 좋아. 자주 와서 편히 쉬고 가."

메자 언니는 그날 처음 본 내게 딸이 자고 있는 침대 한 쪽을 정리해 주며 자고 가라고 했다. 바닥에서 자겠다고 한사코 사양했지만 막무가내였다.

"너는 우리 집을 찾은 첫 번째 한국인 손님이야."

다음 날 아침에 일어나니 식탁에는 밀가루와 에티오피아식 버터인 끼비, 그리고 미드미따를 넣어 만든 도시락이 놓여 있었다. 출근하는 나를 위해 언니가 준비한 것이었다.

며칠 뒤에는 또 다른 에티오피아 친구, 파카두의 결혼식에 초대를 받았다. 식이 열린 교회에는 백 명이 넘는 에티오피아 사람들이 모여 있었다. 한국에 이렇게나 많은 에티오피아 사람들이 살고 있다는 데 놀랐고, 그들이 성직자, 언론인, 유학생, 한국인과 결혼한 사람, 한국 정부에서 초청한 한국전 참전 용사의 후손까지, 저마다 다양한 이력을 가진 사람들이라는 데 또 한 번 놀랐다. 부끄럽지만 그때까지만 해도 나는 아프리카 출신 이주민들은 모두 공장에서 불법으로 일을 할 거라고 생각했다.

결혼식 피로연은 친구들이 손수 준비한 에티오피아 음식들로

거하게 차려졌고, 한편에서는 누가 먼저랄 것도 없이 노래와 춤판
이 벌어졌다. 요란한 축하 덕에 가족 하나 없이 타지에서 결혼을
하게 된 신랑 신부는 외로움을 느낄 새가 없는 것 같았다. 나도 손
바닥이 빨개질 때까지 박수를 치고, 배가 터질 때까지 에티오피아
음식들을 먹으며 두 사람의 결혼을 축하했다.

"지금까지 내가 본 결혼식 중에 최고인 것 같아."

"무슨 소리야! 파티는 아직 시작도 안 했는데!"

테스의 말이 맞았다. 피로연 뒤에 친구들이 준비한 리무진을 타
고 남산에서 웨딩 촬영을 하는 것으로 공식 행사는 끝이 났지만,
해가 지고 흩어졌던 하객들이 이태원의 자이언에 다시 모였을 때
부터 진짜 파티가 시작되었다. 신랑 신부를 잘 몰라도 에티오피아
사람이라면 누구나 그 파티의 손님이었다.

"민아, 따라해 봐. 너도 하바샤•잖아!"

낯선 사람들에 둘러싸여 내내 긴장하고 어색해하던 내게 그들
이 먼저 손을 내밀어 주었다. 순간 스피커에서 터져 나오는 음악이
에티오피아의 어느 축제에서 들었던 북소리를 떠오르게 했다. 그
북소리가 어느새 가까워져 있었다.

• Habesha. 하바샤는 모든 에티오피아인을 통틀어 말하는 '에티오피아위Ethiopiawi'에 비
해 순혈통과 밝은 구릿빛 피부색을 강조하며 더 협소한 의미를 지닌다. 한국으로 치면 민
족성을 강조할 때 한국인 대신 '한민족'이라는 표현을 사용하는 것과 같다.

알렉스 오빠의
이야기

 포근한 봄바람이 불던 3월의 어느 날 밤, 나는 알렉스 오빠의 차를 얻어 타고 서울의 양화대교를 건너고 있었다. 곧 아빠가 된다는 사실에 부쩍 생각이 많아졌는지, 오빠는 생전 하지도 않던 부모님 이야기를 내게 먼저 꺼냈다.

 알렉스 오빠의 부모님은 오빠가 어렸을 적에 이혼했고, 장남이었던 오빠는 아버지의 손에, 남동생과 여동생은 어머니의 손에서 자랐다고 한다. 아빠와 새엄마의 극진한 사랑을 받으며 자란 오빠는 아빠가 주는 양육비를 전달하기 위해 매달 엄마의 집을 방문할 때마다 자신의 집과 너무나 대비되는 형편에 마음이 아팠다.

 "사실은 새엄마를 친엄마처럼 생각하고 자랐어. 그런데 내가 중학생이 되니까 그때부터 친엄마가 내 손을 붙잡고 계속 이런 말을 하는 거야. '합타무● 너는 이 엄마의 유일한 희망이야. 나는 총명한 네가 성공해 멋진 아들, 좋은 형, 오빠가 될 거라 믿는단다.' 그런 말을 들으니까 책임감이랄까? 아, 이 사람이 나를 낳아 준 어머니구나. 이 사람을 내가 지켜줘야 하겠다는 생각이 들더라고."

알렉스 오빠는 1997년에 한국에 왔다. 에티오피아 사람은 물론이고, 다른 국적의 이주민도 찾아보기 힘들던 그 시절에, 교회 세미나차 한국을 방문했던 오빠는 한국의 가능성을 보고 그대로 남기로 했다.

"그때 든 생각은 딱 하나였어. 돈 많이 벌어서 우리 엄마한테 식당을 차려 주자!"

알렉스 오빠는 정말 악착같이 일했다. 한 달에 30만 원을 벌면 그중에 고작 2만 원만 쓰고 나머지는 저축할 정도로 이를 악물었고, 그러다 보니 꽤 큰돈이 모였다. 이제 엄마에게 식당을 차려 줄 수 있겠다 싶을 때 쯤, 에티오피아에서 연락이 왔다.

"엄마가 위독하다는 거야. 몇 달 전부터 병원에 입원해 있었고, 그동안 아빠가 병원비를 대 줬다는데, 더 이상 댈 돈이 없으니 나한테 50만 원만 보내 달라고 연락을 한 거였지. 그 돈을 보낼 때까지만 해도 나는 엄마가 죽을 거라고 생각하지 않았어. 그냥 어디가 좀 아픈가 보다 했지. 누구도 심각한 거라고 말하지 않

● 알렉스 오빠의 에티오피아 이름이다. 무역회사에서 일하면서부터 영어 이름을 사용하기 시작했다.

았거든."

며칠 뒤, 알렉스 오빠의 어머니는 병원에서 숨을 거두었다. 오빠는 밀려오는 후회에 밤낮으로 울었다.

"이럴 줄 알았으면 그냥 달마다 돈을 보내 줄 걸 그랬어. 살아 있을 때 더 좋은 음식 먹고 건강해지라고."

이후 고향에 있던 알렉스 오빠네 가족들은 그린카드를 받아 모두 미국으로 이주했다. 가족들은 알렉스 오빠에게도 미국에 오라고 했지만, 오빠는 이미 한국에서 가정을 이룬 뒤였고, 이곳에서 이루고픈 꿈도 있었다. 그 꿈은 한국에 사는 에티오피아 사람들을 위해 교민회를 만드는 일이었다.

알렉스 오빠는 다른 에티오피아인들이 한국 생활에 적응하느라 고생하는 걸 보며 자신이 처음 한국에 왔을 때가 떠올라 마음이 아팠다고 한다. 그래서 만든 게 ETKO(Ethiopians in Korea)라는 페이스북 페이지였다. 서른 명 남짓한 지인들에서부터 시작한 ETKO 회원은 현재 400명 가까이 불어났고, 여기에는 한국에서 살다가 고향으로, 제3국으로 떠난 에티오피아 사람들도 포함되어 있어, 그야말로 국경을 넘나드는 정보들이 오간다.

온라인 커뮤니티가 갖는 한계를 절감하던 오빠는 2012년 에티오피아의 멜레스 총리가 한국을 찾은 것을 계기로 마침내 〈주한 에티오피아 교민회〉의 초석을 놓았다. 교통사고를 당한 후 완전히 낫지도 않은 다리로 회원들을 모으고, 후원자를 찾기 위해 부지런히 움직여 1월 6일, 마침내 교민회의 첫 번째 총회를 열 수 있었다. 에티오피아 교민 약 150명과 교민회가 명예 회원으로 위촉한 한국인 12명이 한 자리에 모였다. 서울 신도림의 고층빌딩에서 에티오피아 음악이 울려 퍼졌고, 사람들은 그 안에서 분나 세레모니와 에티오피아 음식들을 마음껏 즐겼다.

창설된 지 2년 남짓한 교민회에는 아직 숙제가 많다. 같은 에티오피아 사람이라도 민족과 정치적 견해에 따라 서로 대립하는 일이 적지 않아 교민회의 회원 모집에도 어려움이 있는 게 사실이다. 어떤 이들은 교민회가 에티오피아 정부와 긴밀히 연결되어 있다고 오해해 부정적인 시선으로 바라보기도 한다. 한국에 들어온 반정부 인사들을 통제하기 위한 수단으로 사용된다는 것이다.

"나는 오로미아 출신이고, 우리 할머니는 할아버지가 반정부 시위에 가담했다는 거짓 죄목으로 재산을 몰수당했어. 나는 단지 우리 교민회가 한국에 있는 에티오피아 사람들끼리 연대하고 서로를 보듬는 둥지가 되길 바라는 거야. 적어도 에티오피아 밖에서는 모든 사람들이 함께할 수 있었으면 좋겠어."

알렉스 오빠처럼 연대와 포용에 대한 굳은 신념과 의지를 가진 사람들이 늘어나기를, 그래서 에티오피아 교민회가 한국에 에티오피아를 알리고, 에티오피아 이주민들의 든든한 버팀목이 되어 주기를 바랄 뿐이다. 민아

스무 살, 흔들리는 청춘의 여행 인문학

열일곱 번째 ___
여덟 번의 크리스마스와
여덟 번의 응쿠타타쉬

한국에서 만난
에티오피아 친구들 II

한국에 있는 에티오피아 사람들은 12월 25일과 1월 7일, 매년 두 번의 크리스마스를 맞이한다. 이는 에티오피아가 1년이 13개월로 이뤄진 자신들만의 고유한 달력을 사용하기 때문이다. 아프리카에서 유일하게 독자적인 언어와 달력을 사용하는 에티오피아인들은 거기에 상당한 자부심을 갖고 있다. 에티오피아 관광청 슬로건인 "13월의 태양이 뜨는 나라"도 이러한 독특한 달력 문화에서 그 아이디어를 얻은 것이다.

에티오피아력으로는 1월부터 12월까지가 30일, 13월은 5일 또는 6일*이기 때문에 그레고리력과 비교해도 1년의 총일 수는 같거나, 하루밖에 차이 나지 않는다. 그런데 그 작은 차이도 세월이 흐르다 보니 점점 벌어져 어느새 우리가 사용하는 달력보다 7년이

● 평달이냐, 윤달이냐에 따라 달라진다.

나 늦게 되었고, 그렇게 에티오피아는 새천년 밀레니엄을 2007년에 맞이했다. 달력뿐 아니라 에티오피아 사람들의 시간 개념 또한 독특하다. 시차와는 별개로 우리보다 6시간 전에 살고 있는 그들은 우리가 정오 12시에 있을 때 오전 6시에 머문다. 처음에 에티오피아를 여행할 때는 이걸 이해하지 못해 시간 약속을 할 때마다 얼마나 우여곡절이 많았는지 모른다. 이후로는 "지금 네가 말하는 시간이 에티오피안 타임이냐, 아니면 월드 타임이냐"고 반드시 물어봤다. 물론 도시의 관공서나 은행, 외국인들과 함께 일하는 회사에서는 세계적으로 통용되는 달력과 시간을 사용한다.

어쨌든, 고향을 떠나온 에티오피아 사람들 사이에는 해마다 크리스마스나 명절이 돌아오면 외로움이 전염병처럼 번진다. 그건 한국에 온 지 10년 가까이 된 메자 언니라고 다르지 않다. 그날은 12월 25일이었다. 연휴에도 딱히 할 일이 없는 친구들을 위해 메자 언니가 파티를 열었다. 한 상 가득 차려진 음식들을 보니 손 큰 언니는 이번에도 하루 반나절을 요리에만 매달린 것 같았다.

"가고 있어."

"거의 다 도착했어."

음식이 다 차려졌는데도 깜깜 무소식인 이들에게 연락을 하니 다들 짜기라도 한 것처럼 똑같은 답을 했다. 결국 약속했던 시간보다 세 시간이나 늦은 저녁 열 시가 되어서야 파티를 시작할 수 있었다. 집에 들어서는 사람들 손에는 저마다 케이크, 와인, 과일 같은 선물들이 들려 있었다. 테프 대신 쌀가루와 밀가루를 섞어 만든 인제라 옆에는 에티오피아식 케이크인 다보도 있었다. 식사를 하는 동안 젠니 언니 손에 구워지고 있는 원두 냄새가 집안 가득 퍼졌다. 숯불로 볶진 않았지만 제베나와 시니를 거친 분나는 입에 닿는 순간 단박에 에티오피아를 생각나게 했다. 옆에 있던 월키예 언니가 제베나에 얽힌 재미난 에피소드를 들려주었다.

"쩨디가 한국에 올 때 제베나를 보자기에 싸서 품에 안은 채 비행기에 탔어. 승무원이 불편해 보였는지 자기한테 주면 안전한데 놔주겠다고 했대. 그런데 도무지 깨질까 봐 불안해서 못 주겠더라는 거야. 결국 한국에 도착할 때까지 화장실 한 번 안가고 그렇게 안고 왔대지 뭐야."

한국에 오는 내내 제베나를 신주단지 모시듯 품에 안고 있었을 쩨디가 상상되어 우리 모두 배꼽을 잡고 웃었다.

에티오피아 사람들 사이에서 나는 항상 유일한 한국인이었다. 가끔 그 사실이 어색하고 뻘쭘하게 느껴질 때가 있었다. 그들끼리 자기들 언어로 대화를 나눌 때는 본의 아니게 몇 시간씩 소외되기도 했다. 그래도 꿋꿋이 자리를 지켰던 것은, 그들이 정말로 좋았기 때문이다. 진짜 친구가 되고 싶었다. 일을 하는 것도, 공부를 하는 것도 아닌 채로 섬처럼 서울 땅 위를 둥둥 떠다니던 시절, 에티오피아 친구들은 언제라도 찾아와 머물 수 있는 곳, 사람이 그리울 때면 언제든 등을 기댈 수 있는 곳을 마련해 주었다. 편입생으로 춘천에 내려가 공부를 할 때도 서울에 있는 에티오피아 친구들 생각에 매주 주말이면 없는 돈과 시간을 쪼개어 이태원까지 가 그들을 만나고 오곤 했다. 그러던 어느 날, 연세대학교 원주캠퍼스에서 박사 과정을 밟고 있던 프리예 언니에게서 전화가 왔다.

"민아야, 며칠 뒤에 세계육상선수권 대회가 열리는데, 같이 응원 가지 않을래? 버스를 빌려 보려고."

나는 곧장 몇 명이 갈 예정인지 물어보고 35인승 버스를 빌렸다. 경기 당일 강남에 모인 이들 가운데 몇 명은 혹시나 버스를 놓칠까 싶어 이태원에 사는 친구 집이나 찜질방에서 잠을 자고 새벽같이 나왔다고 했다. 다들 자국 선수들을 직접 보고 조국을 응원할 생각에 들떠 뜬눈으로 밤을 지새운 눈치였다. 나 역시 메자 언니와 함께 에티오피아 국영방송에서 나온 기자와 바레인팀을 지도하는 에티오피아인 코치에게 밤새 서울 관광을 시켜 주느라 겨우 한 시간밖에 자지 못한 상태였다. 그래도 새벽부터 모여든 사람들은 경기를 뛰는 선수들만큼이나 에너지가 넘쳐흘렀다. 강남에서 출발한 버스가 수원과 천안에 들러 나머지 사람들을 태우고 마침내 대구로 향했다. 가는 길에 버스를 얻어 탄 케냐 친구 네 명이 고마움의 표시로 '잠보 브와나Jambo Bwana'•를 불러주었다.

• 노랫말 중 하나인 "하쿠나 마타타Hakuna matata"는 스와힐리어로 "걱정할 것이 없다"는 뜻이다. 케냐 전 국민의 사랑을 받을 뿐 아니라 세계적으로도 유명해진 노래이다.

대구에 도착하자마자 우리는 마라톤 결승점으로 갔다. 그곳에는 서울뿐 아니라 대구, 광주, 부산, 대전 등에서 온 에티오피아 사람들이 기다리고 있었다. 전국에 흩어져 있던 사람들이 모두 한자리에 모인 것 같았다. 함께 점심을 먹고 경기장으로 이동한 사람들은 경기 시작 전부터 한마음이 되어 응원 열기를 높이더니 한껏 흥에 취해 이대로는 갈 수 없다며, 폐막식까지 보고 가자고 버티기 시작했다.

"하지만 폐막식 입장권은 이미 며칠 전에 매진됐는 걸."

"암표가 있을 거야. 그게 아니더라도 어떻게든 들어갈 방법이 있겠지."

"암, 우리 선수가 금메달을 딸지도 모르는데 이대로 갈 수는 없지!"

예매도 하지 않고 폐막식에 참석한다는 건 불가능해 보였지만 그때만큼은 그들의 흥을 깨고 싶지 않았다. 나는 버스 기사와 서울로 돌아갈 시간을 코앞에 두고 협상을 벌여 결국 폐막식이 끝나는 대로 곧장 출발하기로 했다. 문제는 폐막식 입장권이었다. 나와 메자 언니를 포함한 몇 명은 어젯밤 서울 관광을 시켜준 데 대한 보답으로 기자와 코치에게 보조 스태프 출입증을 얻을 수 있었지만 다른 친구들은 실제 가격보다 다섯 배는 뻥튀기된 가격으로 암표를 사는 수밖에 없었다. 우리가 들어갔을 때는 남자 800미터 경기가 진행 중이었다. 모두 함께 목이 쉬도록 "고! 고! 에티오피아"

를 외쳤다. 결국 금메달이 나왔다. 메달 수여식에서 에티오피아 국기가 하늘 가장 높은 곳에 올라갔다. 에티오피아 국가가 울려 퍼지자 옆에 있던 쩨디가 눈물을 흘렸다.

마지막 경기의 시상식까지 끝나고 가수들의 공연이 이어졌다. 무대의 마지막은 화려한 불꽃이 장식했다. 폭죽이 터지는 그 순간 에티오피아 친구들이 갑자기 경호원들을 피해 경기장 중앙으로 돌진하더니 선수들이 들고 있던 에티오피아 국기를 쥐고 큰 원을 그리며 뛰기 시작했다. 당황한 스태프와 봉사자들이 황급히 그 뒤를 따라붙었지만, 잡힐 듯 말 듯한 상황 속에 다른 이들까지 합세하는 바람에 엄청나게 기다란 인간 기차가 만들어졌다. 한 명, 두 명, 관중석 밖으로 뛰쳐나가는 친구들을 보며 어찌할 바를 모르던 나도 어느 순간 정신을 차리고 보니 친구들을 따라 그 기차에 매달려 있었다. 알 수 없는 희열이 가슴을 벅차고 올라왔다. 우리는 그렇게 모두가 뒤섞인 채로 온 몸이 땀으로 흥건해질 때까지 서로의 허리를 붙잡고 뛰고 또 뛰었다.

한국 사람들도 연신 에티오피아 사람들의 응원 열정에 엄지손가락을 치켜들었다. 괜히 내가 으쓱해지는 기분이었다. 그때 프리예 언니가 말했다.

"민아, 넌 우리 가족이야!"

프리예 언니의 말을 듣자 그동안 알게 모르게 의식하고 있던 거리감이 한여름의 열기 속으로 눈 녹듯 사라지는 것 같았다.

2011년 대구에서의 추억은 그렇게 나에게 특별한 기억과 가족을 선물로 남겼다.

　그해 추석을 며칠 앞둔 어느 날이었다. 메자 언니에게 전화가 왔다.
　"민아야, 추석 때 어디 안 가지?"
　"언니, 나 차례 지내러 고향에 내려가야 해."
　"그러면 갔다가 와. 우린 너 올 때까지 기다릴게."
　9월 11일, 에티오피아력으로 새해인 그날이 그해에는 하필 추석과 딱 겹쳐 버린 것이다. 암하릭으로 '응쿠타타쉬Enkutatash'라고도 하는 에티오피아의 새해는 에티오피아 사람들에게 가장 특별한 날인지라 나도 내내 기대하고 있던 참이었다. 결국 나는 추석 전에 미리 내려가 아빠를 뵙고 이태원에 있는 월키에 언니 집으로 향했다. 그곳에서는 메자 언니와 젠니 언니가 미리 도착해 손님들에게 대접할 음식을 준비하느라 분주했다.
　다음 날 그 좁은 반지하 집에 하루 동안 마흔 명 가까이 되는 손님이 찾아왔다. 다들 명절 분위기를 한껏 내보려는 듯, 전통 옷까지 차려입었다. 유학생들은 인제라를 앉은 자리에서 몇 접시씩 해치웠다. 그때는 지금처럼 에티오피아 음식을 파는 곳이 없었기 때문에 이런 특별한 날이 아니면 인제라를 먹을 기회가 없었다. 작고 허름한 집이었지만 음식은 물론이고, 음악과 춤, 가족과 친구,

새해를 위한 모든 것이 있었다.

월키예 언니 집을 발 디딜 틈 없이 채우고 있던 사람들은 근처 자이언에서 다시 뭉쳤다. 그날만큼은 레게 대신 에티오피아의 전통음악이 밤새도록 울려 퍼졌고, 사람들은 날이 밝을 때까지 춤을 췄다. 나는 언니네 집에 남아 함께 뒷정리를 하다가 문득 궁금해 물었다.

"월끼예 언니, 이 많은 음식을 다 무슨 돈으로 준비했어요?"

"그냥 나랑 메자랑 젠니랑 셋이서 조금씩 모았지. 집에 있는 재료들도 쓰고."

세 사람은 모두 2000년대 초반에 한국에 와 이제는 어느 정도 자리를 잡았지만, 그렇다고 결코 넉넉한 살림은 아니었다. 특히 월키예 언니는 한국에 오자마자 암에 걸려 오랫동안 투병 생활을 해야 했다. 그동안 언니를 극진히 보살핀 것은 남편 아브라함과 에티오피아 친구들이었다. 세 사람이 일부러 자기 시간과 돈을 들여 그 많은 음식들을 손수 준비한 것은 타향에서 외로운 새해를 보낼 다른 에티오피아 사람들을 생각해서였다.

"내가 한국에 와서 암에 걸렸을 때 사람들이 도와준 덕분에 수술도 받고 살 수 있었어. 그게 지금도 너무 고마워."

사람들은 그렇게 희로애락을 함께하며 먼 이국에서의 삶을 지탱해 가고 있다.

나는 종종 내가 '한국인'과 '에티오피아인'의 중간에 서 있다는 생각을 하곤 한다. 여덟 번의 크리스마스와 여덟 번의 응쿠타타쉬를 함께 보내는 동안 어느 새 나는 정말로 그들의 '가족'이 되어 있었다. 연애 상담이든, 가족 상담이든 늘 힘이 되는 이야기를 해 주는 메자 언니, 외동아들로 왕자처럼 자라 고집만 센 테스, 같이 다니면 늘 부부 사이로 오해받을 만큼 친근한 알렉스 오빠(오빠는 한국 여자와 결혼했다), 착하기만 해서 누구한테 사기를 당하지는 않을까 늘 걱정이 되는 젠니 언니, 그리고 한참이나 어린 내가 "야!"라고 부르며 버릇없이 굴어도 늘 유쾌하기만 한 선비 같은 데이브, 어떤 주제이든 토론을 붙이는 게 취미인 아이작까지, 태어나서부터 주어진 가족과 달리 내가 마음과 시간을 들여 얻게 된 가족이기에 그 의미가 더 남달랐다.

　아이가 소풍 가는 날 김밥을 싸주는 일이나 한국 기업에 취직하려는 친구의 이력서 작성을 도와주는 일처럼 아주 소소한 일에서부터 전셋집을 구하거나 돌잔치, 결혼식 준비와 같은 큰일에 이르기까지, "민아야, 부탁이 있는데……"라는 말은 나와 그들을 가족이 되게 하는 주문과도 같았다. 한국 사람이라면 관공서를 찾아가거나 전문 업체에 맡기면 될 일이지만 이들에게는 정보를 찾는 일부터가 어려웠고, 방법을 알아도 경제적인 이유 때문에 다른 방법을 알아봐야 하는 경우가 많았다. 가끔 내가 동사무소 민원 창구가 되어 버린 것 같다는 생각이 들 때도 있었지만 그걸 이 특별한 가족 안에서의 '내 역할'이라고 받아들이니 마음이 편했다. 나를 힘들게 하는 건, 내게 부탁을 하는 친구들이 아니라, 오히려 그들을 대하는 한국인의 차가운 시선을 느끼는 것이었다.

젠니 언니가 결혼을 앞둔 어느 날이었다. 젠니 언니를 오래 전부터 알고 지낸 알렉스 오빠는 언니의 결혼 선물로 허니문카를 마련해 주고 싶다고 했다. 오빠를 대신해 렌트카 회사에 전화를 했더니 그쪽에서는 운전자가 에티오피아 사람이라는 말만 듣고는 갑자기 외국인에게는 차를 빌려줄 수 없다고 했다.

"이 사람, 법적으로는 한국 사람이에요."

정식으로 귀화한 알렉스 오빠가 외국인으로 분류될 이유가 없었다. 하지만 상대는 타당한 이유도 설명하지 않고 무조건 안 된다는 말만 반복했고, 무례하게 전화를 끊어버렸다. 나는 도무지 이해할 수가 없었다. 만약 알렉스 오빠가 미국이나 영국에서 온 백인이었어도 저들이 똑같은 태도를 보였을까? 다시 전화를 걸어 지금 사람을 차별하는 거냐고 따지고 싶은 걸 꾹 참았다.

한국과 에티오피아의 중간 지점에서 다리를 잇는 역할을 맡다 보니 내 안에서도 무수한 갈등과 고민들이 생겨났다. 친구들과 사소한 충돌이 있을 때마다 그것을 문화 차이로 받아들여야 하는 건지, 아니면 개인의 문제로 받아들여야 하는 것인지를 분간하기가 어려웠고, 친구들이 '에티오피아인', '흑인'이라는 이유로 겪는 어려움 앞에서는 "그래도 여기에서 살려면 극복해 내야지, 어떻게 하겠니" 하고 위로해 주는 것이 옳은 일인지, 아니면 함께 분노해야 하는 게 맞는지 판단을 내릴 수 없었다. 비슷한 고민들이 수도 없이 반복되었지만, 명확한 답을 얻지는 못했다. 그저 그런 질문들을 던지며 내게 익숙했던 한국 사회를 한발자국 떨어져 상대적으로 볼 수 있는 계기를 얻은 것이 수확이라면 수확이었다.

어쩌면 나는 에티오피아 사람들과 함께해 온 지난 5년 동안 그들보다 나 자신, 그리고 한국을 더 잘 이해하게 되었는지도 모르겠다. 나와는 완전히 다른 방식으로 살아가는 에티오피아 사람들을 만나 친구가 되고 가족이 되어가는 과정은 늘 모험이었고, 내 안에 단단한 콘크리트처럼 굳어진 관습과 편견을 깨부수는 작업이기도 했다. 그건 한국 사람들 틈에서 적응해 살아가는 에티오피아 사람들도 마찬가지였을 것이다. 무엇이 옳고, 무엇이 합리적인지를 따지는 것은 올바른 질문이 아니다. 중요한 것은 서로를 인정하고 받아들이는 마음의 크기가 아닐까? 나는 한국과 자신들의 문화가 만나는 접경지대에서 살아가는 이들의, 그 치열하면서도 열린 마음을 존경하고, 사랑한다.

〈주한 에티오피아 교민회〉의 첫 번째 총회가 있던 날, 알렉스 오빠는 내게 한국인 명예 회원들에게 위촉장을 수여하는 일을 도와 달라고 불렀다. 총회가 시작되고 나서 사람들에게 떡과 물을 나눠 주고 있었는데, 프리예 언니가 갑자기 내 손을 잡아끌더니 무대 앞으로 데리고 갔다. 사회를 보고 있던 알렉스 오빠의 목소리가 들렸다.

"그리고 이 자리에 저희들의 특별한 친구가 있는데요, 제게는 친동생 같은 사람입니다. 2010년부터 에티오피아 사람들이 있는 곳에는 항상 함께 있었고, 도움이 필요할 때도 늘 최선을 다해 진심으로 우리 에티오피아 사람들을 도와주었습니다. 민아야, 얼른 올라 와."

교민회의 임원들이 나를 교민회의 명예 회원으로 임명해 준 것이다. 어리둥절한 얼굴로 단상 위에 올라가 위촉장을 받았다. 그때

시상을 하던 타마랏이 "민아의 에티오피아 이름은 '짜하이'입니다. 태양처럼 항상 웃는 얼굴이죠"라고 말함과 동시에 한 테이블에 모여 있던 쩨디 언니, 언니의 남편 다윗, 제리훈, 그리고 이요나스가 "We love you, 짜하이!"라며 애정을 듬뿍 담은 축하의 말을 던졌다. 그들이 입버릇처럼 말하던 "너도 우리와 같은 에티오피아인이야"라는 말이 정말로 현실이 된 것만 같아 가슴이 벅차올랐다.

명예 회원이 되고 나서 그동안 형제처럼 지내온 친구들과 더 가까워졌을 뿐 아니라 한국 내 에티오피아 사회에도 한 발자국 더 성큼 다가가게 되었다. 강원대학교를 졸업하고 메자 언니 집에서 머물며 취업 준비를 할 때였다. 디바바 에티오피아 대사님으로부터 대사관 회의에 참석해 달라는 연락을 받았다. 다가오는 6월에 열릴 "한국-에티오피아 수교 50주년" 행사를 위해 꾸려진 준비 위원회 회의였다. 몇 달 전에 조만간 큰 행사가 있을 테니 6월에는 꼭 시간을 비워 놓으라던 대사님 말이 생각났다. 회의가 끝나고는 행사가 열릴 호텔들을 돌아다니며 장소 확인을 했는데, 생전 가본 적도 없는 5성급 호텔에서 호텔 매니저와 면담을 하고 있자니 자꾸만 위축되는 마음이 들어 사람들이 빠져나간 뒤 대사님에게 다가가 솔직히 털어놓았다.

"아무래도 제가 이렇게 큰 행사를 준비하기에는 많이 부족한 것 같아요. 다른 분들처럼 외교부에서 일을 하는 것도 아니고, 교수나 사업가도 아니고요. 제가 행사에 도움이 될지 잘 모르겠어요."

"그런 말 하지 말아요. 한국 사람과 에티오피아 사람들 사이에서 누구보다 소통을 잘 할 수 있는 사람은 당신이에요. 양쪽 모두를 잘 알고 있잖아요. 행사는 즐기는 자리이니 부담 갖지 말고 함께해 줘요."

6월 19일부터 24일까지 6일에 걸쳐 열린 행사에는 에티오피아 외교부 장관을 비롯한 에티오피아 7개 부처의 장차관과 전후 60년이 지나 어느덧 머리가 희끗해진 한국전 참전 용사들, 정재계와 각 대학의 총장 80여 명, 그리고 전통 공연단까지, 그야말로 다양한 분야에서 한국과 관계를 맺고 있는 사람들이 총출동했다. 그곳에서 만난 테세마 씨는 컨설팅 사업으로 크게 성공해 현재는 에티오피아에 진출하는 외국 기업들을 상대로 사업을 하고 있는데, 한국전에 참전했던 아버지의 사진과 군번줄을 가지고 한국을 찾았다. 인상 좋은 타데쎄 씨는 에티오피아에서 양질의 분유를 생산하기 위해 기술을 제공해 줄 한국의 분유 회사를 찾고 있었고, 어떤 이는 한국의 드라마와 영화를 에티오피아에 수입하려고 준비 중이었다. 이미 자신의 대학에서 한국 학생을 가르친 경험이 있는 교수와, 한국 정부 초청으로 한국에서 유학 생활을 하고 현재는 에티오피아의 교수가 된 사람도 있었다. 6·25전쟁에서부터 시작된 한국과 에티오피아의 인연은 60여 년이 흐른 지금, 훨씬 더 역동적이고, 긴밀해지고 있었다.

나는 행사 내내 에티오피아에서 온 수십 명의 손님들을 에스코
트하는 일을 맡았다. 그들이 호텔방에서 나와 행사 장소로 이동하
고, 다시 호텔로 돌아갈 때까지 신경 쓸 일이 한두 가지가 아니었
지만, 그들 곁을 지키면서 에티오피아 사람들에 대한 애정이 더욱
깊어졌다. 가장 인상적인 것은 에티오피아에서 다들 한자리를 차
지하고 있는 사람들인데도, 한국 사람에게나 에티오피아 사람에
게나 조금도 권위적인 모습을 보이지 않는다는 점이었다. 테드로
스 외교부 장관조차도 한국 정부에서 붙여 준 경호원 수를 최소한
으로 줄이고, 되도록 거리를 유지해 달라고 부탁했는데, 사람들이
자신을 조금이라도 편안히 여기기를 바라는 마음에서였다.

　　내가 테드로스 장관의 진심을 알게 된 것은 한국에 거주하는
에티오피아 사람들을 초청한 간담회 자리에서였다. 바쁜 시간을
쪼개 마련한 간담회는 시종일관 화기애애한 분위기에서 진행됐다.
그러다 질의응답 시간에 다소 급진적인 성향을 가진 이들이 자리
에서 일어나 장관에게 따지듯 질문을 던졌다.

　　"우리는 발전이 아니라 가난한 이들에게 먹일 빵이 필요합니다.
　　사람이 굶어 죽어 가는데 어째서 정부는 우리나라가 발전하고
　　있다고 광고를 해 대는 겁니까? 부끄럽지 않습니까?"

　　그곳에 모인 사람들의 얼굴에 당황한 기색이 역력했다. 대사님
은 다른 사람에게 마이크를 넘기는 것으로 상황을 모면하려 했지
만, 테드로스 장관은 그들에게 하고 싶은 이야기가 있으면 이 자

리에서 얼마든지 해도 좋다며, 오히려 그들을 격려했다. 저녁 식사 자리에서는 그들과 따로 이야기를 더 나누기도 했다. 그런 테드로스 장관을 보며, 한국이든, 에티오피아든 사람들이 원하는 진정한 지도자의 모습이란 똑같은 게 아닐까 하고 생각해 보았다.

행사 기간 동안 에티오피아의 전통 옷을 입고 암하릭으로, 영어로, 한국어로 행사를 안내하고 있는 내게 손님들은 큰 관심을 보였다. 어떤 날은 오로미아의 민족의상을, 또 어떤 날은 구라게의 민족의상을 제대로 차려 입고 나타났으니 신기할 법도 했다. 나는 그들과 곧 친구가 되어 행사 안팎을 넘나들며 즐거운 시간을 보냈다. 이동하는 버스 안에서는 그들의 가족 이야기, 그들이 사는 지역의 이야기를 들을 수 있었고, 나는 그들이 궁금해하는 한국의 이야기를 들려주었다. 또 행사가 끝나면 호텔에서의 지루함을 견디지 못하는 사람들과 이태원으로 가 늦게까지 맥주잔을 기울이며 춤도 췄다. 한국에 사는 에티오피아 친구들까지 불러낸 시끌벅적한 파티였다. 문득 에티오피아 정부의 차관이 한국의 공장에서 일하는 노동자와 너무도 편안히 술을 마시고, 춤을 추는 모습이 낯설게 느껴졌다. 3년 전에 하이리가 처음 알게 해 준 그 벽 없는 세상을 오랜만에 한국에서 다시 만난 기분이었다. 민아

열여덟 번째 _____
클란데스티노들의 노래

한국에서
이주민으로 산다는 것

Me dicen el clandestino Por no llevar papel

(종잇장 하나를 지니고 있지 않다고 내가 불법이라고 말한다네)

Mi vida la deje Entre Ceuta y Gibraltar

(세우타와 지브롤터 사이에 내 인생을 두고 왔어)

Soy una raya en el mar Fantasma en la ciudad

(나는 저 바다의 선 하나, 도시의 유령 같은 존재)

Mi vida va prohibida Dice la autoridad

(내 인생이 금지되었다고 경찰은 말하네)

– 마누 차오의 노래 "클란데스티노(Clandestino, 불법체류자)" 중

세상이 그리 말을 하니 이제는 자기도 아무렇지 않게 스스로를 '불
법 체류자'라고 하는 친구들을 보며 이 노래가 떠올랐다. 언젠가 이
노래가 이렇게 신나는 곡으로 바뀌는 세상이 왔으면 좋겠다.

종잇장 하나만으로도 나는 자유를 얻었다네.
세우타와 지브롤터 사이에서 내 인생이 새로워졌어!
나는 저 바다의 물결, 도시 속에서도 평화로운 존재
내 인생은 이제부터 시작이라고 이웃들이 먼저 말하네.

– 2011년 5월 13일의 일기

2011년 겨울, 친구들과 학교 근처에서 떡볶이를 먹는데 데이브
에게서 전화가 왔다.

"민아야, 다윗이 지금 외국인 보호소에 수감돼 있어."

내가 다윗을 만난 것은 작년 겨울, 에티오피아를 위한 자선 공
연이 열리던 예술의 전당에서였다. 페이스북에 공연 포스트를 게
시해 놓았는데, 모르는 번호로 메시지 한 통이 왔다.

"우리나라를 위한 일이라는 데, 나도 조금이나마 보탬이 되고 싶어
요. 전 다윗이라고 해요."

우리는 공연 날 그가 데리고 온 친구 엘리아스와 함께 예술의
전당에서 만났다. 다윗은 당시에 경기도 송탄에 있는 가죽 공장에
서 일을 하고 있었다. 일할 때 항상 독한 화학약품을 만지기 때문
에 그의 탄탄한 구릿빛 피부는 손과 팔만 하얗게 벗겨져 흉측한

모양새였다. 나중에 알게 된 사실이지만 다윗은 그해 초부터 안정된 직장도 거주지도 없이 떠돌아다녔다고 했다. 다윗은 오래 전부터 친구들에게 자신이 언제 단속에 걸릴지 모르니 그런 일이 생기면 자기 대신 신변 정리를 해 달라고 부탁을 하고 다녔다.

보호소에서는 다윗을 되도록 빨리 에티오피아로 돌려보내려 했지만 그는 이미 오래전에 여권을 잃어버린 상태였다. 당시 한국에는 에티오피아 대사관이 없었기 때문에 일본에 있는 에티오피아 대사관을 통해 여권을 재발급 받아야 했다. 그동안 다윗은 친구들을 시켜 컨테이너에 텔레비전이며 중고차며 세탁기를 실어 에티오피아로 보냈다. 돌아가신 아버지 대신 가장 노릇을 해 온 다윗으로서는 조금이라도 가족들의 살림에 보탬이 되고 싶었을 것이다. 다윗은 수감된 지 한 달 만에 강제 출국을 당했다. 에티오피아에 있는 가족들을 대하듯, 언제나 주변 사람들을 살뜰하게 챙겼고, 술은 한 모금도 입에 대지 않는 독실한 기독교인이었던 다윗, 늘 장난처럼 말했지만 '우리나라 대한민국'이라며 한국을 그리 사랑하던 친구가 자신이 사랑하던 땅에서 죄인처럼 속수무책으로 쫓겨나는 과정을 보며 허탈감이 밀려왔다.

'불법 체류'라는 딱지 없이, '합법적'으로 거주하는 이주민들의 삶도 녹록치 않다. 한국에서 10년 넘게 산 메자 언니와 언니의 딸 에밀리의 이야기이다. 메자 언니 집에서 자고 난 다음 날이면 에밀리를 학교까지 바래다주곤 했는데, 학교 가는 길에 마주치는 학부모들은 어김없이 에밀리에게 다가와 "신기하다", "예쁘다", "어느 나라에서 왔니?"라는 말을 아무 생각 없이 내뱉었다. 에밀리는 그게 상당한 스트레스였는지 유독 학교에 갈 때만 고개를 숙이고 다니는 버릇이 생겼다. 등굣길에서만 일어나는 일은 아니었다. 하루는 에밀리가 친구들에게 내 사진을 보여 주며 "우리 언니야"라고 말했더니 친구들이 "거짓말"이라며 몰아붙였다고 한다.

"야, 거짓말하지 마. 너는 에티오피아 사람인데, 어떻게 한국 사람이 언니냐?"

친구들의 말에 충격을 받은 에밀리는 울며 엄마에게 전화를 했고, 메자 언니도 속상한 마음에 내게 그 이야기를 털어놓았다. 에밀리는 학교에 점점 더 적응하지 못했고, 결국 1학년을 마치고 국제학교로 전학을 갔다. 자신이 한국인이라고 생각하는 아이에게 세상은 끊임없이 "아니야, 넌 우리와 달라"라고 말하고 있었다.

다행히 에밀리는 국제학교에 들어간 뒤로는 학교에 가기 싫다는 말도 하지 않고 친구들과도 잘 어울려 지내는 듯했다. 하지만 메자 언니는 여전히 에밀리가 걱정이었다.

"아휴, 답답해!"

얼마 전 에밀리가 엄마에게 심통을 부리더니 그 뒤부터는 집에서 입을 꼭 닫고 텔레비전만 본다는 것이다. 한국어, 영어, 암하릭 모두 잘 하지만, 한국에서 태어나 한국어로 수업을 받고, 한국 친구들과 어울려 온 에밀리에게는 역시 한국어가 편했다. 집에서도 한국어를 쓰고 싶은데, 엄마의 한국어가 느리고 어설프다 보니 짜증이 났던 것이다. 얼마 전에는 내게 오더니 자기 이름은 에밀리가 아니라 '이서현'이라며, 앞으로는 자신을 한국 이름으로 불러 달라고 떼를 썼다. "언니는 에밀리라는 이름이 더 예쁜데?"라고 해도 아이는 고집을 꺾지 않았다. 자꾸만 그렇게 억지로 한국 사람이 되고 싶어하는 에밀리를 보며, 아직 고작 2학년인 아이를 타이를 수도 없고, 그렇다고 무작정 아이가 원하는 대로 대할 수만도 없는 상황이 안타까웠다.

"에밀리가 자신을 한국인으로 생각하든, 에티오피아인으로 생각하든 상관없어. 그건 자기 선택이니까. 그저 아이가 안정감을 느끼고 마음껏 자기 생각과 감정을 표현할 수 있으면 그걸로 족해. 그것조차 에밀리에게 어려운 일이 될까 봐 두려운 거지."

에밀리를 바라보는 메자 언니의 말이었다.

학교를 다니다가 부모를 따라 한국으로 온 1.5세대의 경우에는 상황이 더욱 심각했다. 한국에서 마땅한 학교를 찾지 못해 학업을 아예 중단하는 경우가 적지 않기 때문이다. 에티오피아 대사관에서 일하는 아내 니그스트와 함께 한국에 온 물루게타 아저씨가 어느 날은 내 손을 꼭 붙잡고 간곡히 부탁했다.

"우리 아이들이 다닐 수 있는 학교를 꼭 좀 알아봐 주세요."

한국말을 하지 못하는 외국인 자녀들은 국제학교에 가면 되지만, 문제는 국제학교의 수업료가 일반 대학교 등록금에 맞먹는다는 데 있다. 다문화학교를 알아보았지만, 학교 환경이나 수업의 질이 열악했고, 아이가 혼자서 등교하기에도 너무 먼 거리에 있었다. 아저씨 부부는 고심 끝에 결국은 아이 셋을 모두 국제학교에 보내기로 했다. 그 돈을 마련하기 위해 아저씨는 다른 도시에 있는 공장으로 출퇴근을 한다.

캐나다인 남편을 따라 한국에 온 젠네이트는 강남 고급 오피스텔에 살 정도로 형편이 넉넉했지만 결국은 아이를 위해 한국을 떠났다. 세 살 난 아들 마커스가 언제부턴가 어린이집에 가지 않겠다고 죽을 듯이 울며 떼를 쓰는 걸 이상하게 여긴 젠네이트는 몰래 어린이집에 가서 아이를 지켜보다가, 억장이 무너지고 말았다.

"한국 아이가 마커스를 밀어서 넘어져 울고 있는데, 선생이 우는 아이는 거들떠도 안 보고 오히려 밀친 아이만 챙기더라고요. 애가 얼마나 울었는지 집에 왔는데 목이 쉬어 있었어요."

더 어처구니없게도, 며칠 뒤 어린이집은 마커스를 다른 어린이집으로 옮겨달라고 요구했다. 마커스가 다루기 까다롭다는 게 그 이유였다. 에티오피아에서부터 사우디아라비아, 아랍에미리트, 캐나다, 헝가리 등 이런 저런 나라들을 다 경험해 본 젠네이트는 그 일로 한국 생활을 정리하면서 고개를 저었다.

"한국은 내가 살아 본 나라 중에서 가장 편리하지만 가장 외로웠던 나라예요."

한국의 다문화 정책은 말만 요란하지 사실은 빛 좋은 개살구인 경우가 대부분이다. 2012년 안산에서 열린 제5회 '세계인의 날' 행사에 참석했을 때였다. 주최 측의 초대를 받은 메자 언니, 재한 외국인 수기 공모에서 최우수상을 받게 된 알렉스 오빠, 그리고 에티오피아 난민 대표로 참석한 친구 네 명과 함께 행사장을 찾았다. 5월의 따뜻한 봄날, 함께 소풍이라도 나온 것처럼 우리 모두 마음이 들떠 있었다. 행사 때 무대 위에 오르기로 되어 있던 메자 언니는 그날을 위해 특별히 파티용 드레스까지 차려입고 온 참이었다.

하지만 막상 행사가 시작되자, 눈살을 찌푸리게 만드는 일들이 한두 가지가 아니었다. 스태프들은 자신들이 초청한 손님의 좌석을 따로 마련해 두지 않아 우왕좌왕했고, 알렉스 오빠가 목발을 짚고 있는 걸 뻔히 알면서도 마땅한 자리 하나를 만들지 못해 높은 계단을 몇 번이고 오르락내리락 거리게 만들었다. 더 황당한 것은 시상식이 다른 행사들에 밀려 안내 방송도 없이 취소되었다는 것이다.

그래도 메자 언니가 아프리카 대표로 무대에 섰을 때에는 다들 환호하며 진심으로 언니를 자랑스러워했다. 하지만 곧 우리는 할 말을 잃었다. 언니의 손에 에티오피아 국기 대신 남아프리카공화국 국기가 들려 있었던 것이다. 남아프리카공화국에 '아프리카'가 들어가니 그 나라가 아프리카를 대표할 수 있다고 생각한 것일까? 무대 가운데로 나오기 전 메자 언니는 국기를 바꿔 달라고 항의했

스무 살, 흔들리는 청춘의 여행 인문학

지만, 스태프들은 시간이 없으니 그냥 대충 넘어가자며 무례한 태도를 보였다고 한다. 수십 개국 사람들이 지켜보는 자리에서, 나는 화끈거리는 얼굴을 감출 수 없었다.

언젠가 메자 언니에게 한국에서 사는 게 어떠냐고 물은 적이 있다. 메자 언니는 어디에도 소속될 수 없고, 어디에서도 안정감을 느낄 수 없는 어정쩡한 자신의 위치가 가장 힘들다고 말했다.

"한국에 산 지 10년이 되었지만 아직까지도 이곳은 내게 '여긴 네가 있어야 할 곳이 아니야', '넌 여기에서 아무것도 아니야'라고 말하고 있는 것 같아. 목요일에 강의가 끝나면 내 정체성과 위치에 혼란과 허무를 느껴. 마치 내가 아무것도 가진 것 없는 빈털터리가 된 것처럼 말이야."

한국인이 가진 편견과 오해의 체로 한 차례 걸러진 차이와 다양성만을 품겠다는 것, 그것이 오늘날 한국 '다문화'의 실체가 아닐까? '이주민'이라는 딱지에다 '흑인', '아프리카인', '에티오피아인'이라는 딱지까지 붙으면, 이 사회에서 무슨 일을 하고, 어떤 능력과 잠재력을 가졌는지와는 상관없이 그는 사회가 그어 놓은 선 바깥으로 밀려나고 만다. 내가 만난 대부분의 이주민들, 특히 인종적인 낙인을 안고 살아가야 하는 이들은 사회적 존재로서 소속의 욕구를 버려야만 버텨 낼 수 있는 곳으로 한국 사회를 인식하고 있었다. 반면 한국인들에게 '다문화'는 수많은 오해와 억측을 낳고 있다. 이주민 우대 정책이라는 둥, '불법' 체류자들을 합법화하는 법이라는 둥, 이주민이나 이민자에 대한 혐오 가득한 말들을 들을 때마다 한숨이 나온다. 이주민들이 자신이 가진 차이와 다양성을 마음껏 펼치는 가운데 이 사회에 뒤섞일 수 있는 자유를 얻기까지 우리의 갈 길은 아직 먼 것만 같다.

난민은
어떻게 난민이 되는가

며칠 전부터 아이작은 어머니를 만날 생각에 초조해하며 부쩍 담배를 자주 물었다. 16년 만에 만나는 어머니였다. 1998년 에티오피아와 에리트레아 간의 전쟁 발발로 티그레이 주에 살고 있던 아이작의 가족들은 에티오피아 정부로부터 강제 추방되어 케냐로 넘어 왔고, 난민촌에서의 생활이 시작되었다. 다행히 강제수용소로 연행되었던 아버지와 큰 형도 극적으로 탈출해 가족들 품으로 돌아왔다.

"내가 영국에 가서 난민 신청을 하고, 돈을 벌며 자리를 잡고 있
을 테니 당신은 나중에 아이들을 데리고 와."

아버지는 그렇게 혼자서 영국으로 건너가 난민 신청을 했고 택시운전사가 되었다. 어머니는 다른 형제들은 몰라도 머리가 제법 비상한 아이작만큼은 어떻게든 좋은 곳에서 공부하기를 바랐다. 아이작이 다니던 고등학교에서는 그에게 미국으로 유학을 갈 것

을 권했다. 1998년 8월 7일, 아이작은 비자 신청을 위해 미국 대사관으로 향했다. 그리고 그곳에 도착했을 때 믿기 힘든 일이 벌어져 있었다. 바로 몇 시간 전까지 멀쩡하던 대사관 건물이 형체도 없이 사라진 것이다. 알카에다가 일으킨 테러였다.* 아이작의 어머니는 아들을 아버지가 있는 영국으로 보내기로 마음먹고 브로커를 찾아갔다. 보호자로 아이작의 형 다니엘을 붙이기로 했다. 하지만 브로커가 어머니를 속인 것인지, 실수를 한 것인지 엉뚱하게도 다니엘은 프랑스로, 아이작은 태국으로 보내졌다.

어머니는 자식들의 생사도 모른 채 죄책감에 시달려야 했고, 그러는 동안에 두 형제는 낯선 땅에서 살아남기 위해 싸워야 했다. 운이 좋았던 다니엘은 프랑스에서 곧바로 난민 인정을 받은 반면에 아이작의 인생은 장난처럼 계속해서 꼬여 갔다. 태국은 법적으로 난민의 존재를 인정하지 않는 나라였다.** 아이작은 어디로든 떠나지 않으면 안 되었다. 그때 우연히 만난 사람이 아이작에게 가까운 한국행을 권했다. 2000년, 아이작은 그렇게 처음 한국 땅에 발을 들였다.

그때까지만 해도 아이작의 유일한 꿈은 어떻게든 가족들을 다

---

* 이 테러는 1996년 이후부터 적극적으로 반미 테러 활동을 벌여 온 빈 라덴에 의해 일어난 것으로 알려져 있다. 케냐 나이로비와 탄자니아 다르에스 살람에 있던 미국 대사관에서 동시에 일어난 이 테러로 다르에스 살람에서는 11명이, 나이로비에서는 213명이 사망했다.

** 태국은 유엔 '난민 지위에 관한 협약' 미가입 국가로 아이작과 같은 난민 신분의 외국인을 법적으로 보호할 의무가 없다.

스무 살, 흔들리는 청춘의 여행 인문학

시 만나는 것이었다. 당시에 한국은 출입국법이나 이민법이 제대로 마련되어 있지 않았던 터라 아이작은 제법 수월하게 공장에서 일을 구할 수 있었지만, 일을 시작한 지 2주 만에 맹장염이 생겨 의료보험도 없이 병원 신세를 져야 했다.

"몸무게는 55킬로그램으로 줄었고, 병원비 때문에 남은 건 빚뿐이었어. 다시 공장에 들어갔지만 한동안은 체력도 따라 주지 않고, 무엇보다 모든 것이 너무 원망스러워 일이 손에 잡히질 않더라. 결국 잘리고, 다시 일하고를 반복하면서 6개월 만에 빚을 갚았어. 이후로는 다른 에티오피아 사람의 신분증을 가지고 살았고."

그러는 동안에 그린카드를 받게 된 아이작의 어머니와 형제들은 미국으로 건너갔다. 그때까지도 아이작과 어머니는 서로의 생사조차 알지 못했다. 그러다 2003년, 갑자기 한국 정부에서 불법체류자 단속을 하기 시작했다.

"한국 사람들은 '난민'에 대해 전혀 아는 바가 없었기 때문에 한국에 정착할 수 있을 거라고는 생각해 본 적이 없었어. 하지만 더 이상 선택권이 없더라."

아이작은 난민 신청을 했고, 3년이 지난 2006년에야 결과를 통보받았다. 아이작을 난민으로 인정할 수 없다는 법무부의 결정이었다. 아이작은 법무부의 판결에 불복하고 재심사를 요청했다. 고향인 에티오피아에서는 강제 추방되고, 케냐에서 함께 살던 가족들과는 오래 전에 연락이 끊긴 상태에서 그에게는 돌아갈 곳이 없었다. 아이작은 벼랑 끝에 선 기분으로 난민을 지원하는 단체인 〈피난처〉를 찾았다.

"아브라함(이호택 〈피난처〉 대표)이 내게 '커피 한 잔 드릴까요?' 라고 물었어. 나는 지금도 그 말을 잊을 수가 없어. 날 그런 식으로 맞아 준 사람은 그가 처음이었으니까."

그 평범한 커피 한 잔의 친절에 감동할 정도로 아이작에게 한국은 차갑고 냉정하기만 한 나라였다.

"재심사 결과가 나올 때까지 나는 정말 유령처럼 살았던 것 같아. 단칸방에 누워서 그냥 죽어 버릴까 생각도 수없이 했어. 아빠, 엄마, 형제들하고 보낸 유년시절을 떠올리는 게 내 유일한 버팀목이었지."

그리고 마침내 2년 뒤인 2008년, 아이작은 법원에서 승소했다. 한국에서는 세 번째로 난민 인정을 받았고, 법무부의 판결에 소송을 걸어 난민 인정을 받은 경우는 아이작이 최초였다. 반가운 소식은 그뿐만이 아니었다. 재심사를 받는 동안 다른 가족들과도 연락이 닿았다. 프랑스에 정착한 형 다니엘, 영주권을 얻어 미국으로 이주한 나머지 가족들, 그 사이 영국에 있던 아버지도 미국으로 건너가 다니엘과 아이작을 제외한 아홉 식구가 모두 함께 살고 있었다.

"엄마가 여기에서 다 준비할게. 너도 얼른 미국에 와서 우리 같

스무 살, 흔들리는 청춘의 여행 인문학

이 살자꾸나."

아이작은 어머니의 제안을 거절했다.

"미국에 가서 또 다시 힘겨운 싸움을 하고 싶지 않아요."

미국 정부는 어머니에게 아이작이 친자가 맞는지 증명할 수 있는 서류들을 요구했다. 아이작은 또 다시 다른 나라 정부를 상대로 자신의 존재를 증명해야 하는 그 복잡한 일에 에너지를 쏟고 싶지 않았다. 무엇보다 아이작은 한국 생활에 익숙해져 있었다.

미국에서 스무 시간 이상을 날아 온 어머니의 가방은 아들에게 줄 선물로 가득 차 있었다. 아이작은 바로 곁에 있는 어머니가 어색한지, 거리를 두며 쑥스러운 티를 냈다.

"안 산다니까요. 아이 참, 됐어요. 진짜 나 옷 많아요."

아이작의 만류에도 불구하고 어머니는 아들에게 옷을 사주고 싶다며 그를 끌고 옷가게로 갔다. 그날 저녁, 아이작은 내게 미국에 있는 형제들에게 보낸 메시지를 보여 줬다.

"엄마랑 쇼핑하는 건 최악이야. 한국에 도착한 순간부터 잔소리를 하시더니, 이젠 내 머리가 지끈거릴 정도라니깐. 그렇지만 엄마는 내 기억 속 그때처럼 여전히 아름답고, 또 존경스러운 분이셔. 엄마랑 옷가게에서 한참을 씨름하는 동안 서로 간의 거리와 시간, 상황, 그리고 절망스런 순간들은 결국 엄마와 나 사이에 그 무엇도 바꾸어

놓지 못했다는 걸 깨달았어. 우리 엄마는 언제까지고 늘 변함없이 우리 엄마일 거야."

헤어질 시간이 가까워 올수록 아이작은 내색하지는 않았지만 분명 슬퍼하고 있었다. 그에게는 아직까지 어머니에게 보여 주고, 들려주고, 해 주고픈 것들이 너무나 많았다. 무려 16년 만에 만난 어머니였다. 그러나 이제는 어머니를 당신의 삶으로, 기약할 수 없는 먼 곳으로 다시 돌려보낼 시간이었다. 어머니는 내심 아들의 입에서 미국으로 가겠다는 말이 나오길 바라는 눈치였지만, 오랜 고생 끝에 이제야 비로소 안정을 찾고 사랑하는 사람을 만난 아들의 삶을 끝까지 존중해 주었다. 결국 16년 만에 재회한 두 사람은 또다시 이별을 맞이했다. 민아

열아홉 번째 _____
"자이언"은 축제 중!

이태원에서
서울 한복판으로

　　인류학과 전공 수업 중에 교수님이 '지도 그려보기'라는 과제를 내 준 적이 있다. 인류학에서 말하는 지도는 단순한 평면도가 아니라 지역의 물리적인 공간과 거기에 얽힌 관계, 그리고 그 관계의 변화까지 그리는 3차원의 세계이다. 나는 과제를 받자마자 '이태원'이 떠올랐다. 한국 사람들은 '이태원' 하면 세련되고 이국적인 카페와 레스토랑, 클럽이 많은 유흥가나 외국인들이 밀집한 슬럼가를 떠올리지만 좀 더 자세히 들여다보면 이태원은 우리가 사는 동네와 크게 다르지 않은, 일상적인 삶의 공간이기도 하다. 주어진 과제를 위해 이태원의 지도를 새로이 그리는 동안, 나는 에티오피아 친구들이 자주 찾는 "클럽 자이언CLUB ZION"을 재발견하게 되었다.

　　에티오피아 친구들에게 이태원은 자이언을 중심으로 돌아가는

세계다. 개인적으로는 시끄럽게 울리는 레게 음악이나 숨 막힐 듯
한 담배 연기 때문에 이곳에 가는 걸 좋아하지 않지만 에티오피아
친구들에게는 잠시나마 고향에 대한 그리움을 달랠 수 있는 거의
유일한 공간이다. 종교 때문에 술은 입에도 대지 않는 친구들조차
주말이면 어김없이 자이언을 찾는다.

자이언을 처음 연 것은 에티오피아 사람이었다. 지금은 주인이
바뀌어 한국인이 운영을 하고 있지만, 에티오피아 국기와 분나 세
레모니를 그려 넣은 건물 외벽이 아직까지 그대로인 것처럼 에티
오피아 사람들은 에티오피아 느낌이 물씬 나는 그곳을 여전히 가
장 좋아하고, 편하게 느낀다. 자이언의 역사를 잘 아는 한국인 주
인도 새해나 크리스마스처럼 특별한 날에는 에티오피아 음악을
틀어 놓고 밤새 놀 수 있도록 클럽 전체를 통째로 내어 준다.

에티오피아 친구들과 가까워지면서 나 역시 자이언을 찾는 일
이 늘었다. 그곳에서 같이 포켓볼을 치기도 하고, 가끔은 춤도 춘
다. 에티오피아 사람들의 대소사 때마다 출장 요리사처럼 훌륭한
음식 솜씨를 선보이던 티기스트가 공장 일을 그만두고 자이언에
서 인제라와 분나를 팔기 시작하면서, 에티오피아 음식과 문화를
소개해 주고 싶은 사람이 있으면 가장 먼저 찾는 곳이기도 하다.
자이언에 드나드는 횟수와 머무는 시간이 늘어나면서 나는 이곳
이 단순히 술을 마시고 놀기만 하는 곳이 아니라는 걸 알게 됐다.

"자이언에서는 우리가 브이아이피VIP야."

알렉스 오빠의 말처럼, 자이언은 평일이나 주말이나 절반 이상이 에티오피아 사람들로 채워진다. 굳이 약속을 잡지 않아도 자이언에 가면 친구들을 만날 수 있고, 생맥주 한 잔만 시켜 놓고 놀아도 눈치가 보이지 않기 때문이다. 알렉스 오빠는 다리를 다친 뒤로는 중개인 일을 하며 돈을 벌었는데, 휴대폰이나 차를 사려는 사람들을 도와주고 수고비 명목으로 약간의 돈을 받는 방식이었다. 한국에 온 지 얼마 안 되는 이들에게는 휴대폰을 개통하는 일에서부터, 하다못해 옷 한 벌을 사는 일조차 쉽지가 않기 때문에 알렉스 오빠는 '해결사'로 통했다. 오빠는 모든 일을 자이언에서 해결했다. 알렉스 오빠를 만나기 위해 자이언을 찾는 케냐, 탄자니아 사람들도 있었다.

　　집을 구하려는 사람들, 실연당한 아픔을 잊고 싶은 사람들, 향수병에 걸린 사람들 등, 자이언은 늘 저마다의 사연과 이야깃거리를 가진 사람들로 가득하다. 한마디로 자이언은 에티오피아 사람들의 해방구이자 아지트이다. 하루는 늘 장난기가 가득한 테겡이 ETKO 페이스북 페이지를 통해 갑작스런 소식을 전했다.

　　친애하는 에티오피아 친구 여러분, 나 이틀 뒤에 한국을 떠나게 되었어요. 그동안 한국에서 행복한 시간을 보낼 수 있도록 도와준 친구들에게 감사와 고별의 의미를 담아 저녁 식사를 대접하려고 해요. 시간이 되는 분들은 오늘 저녁 일곱 시, 자이언에서 열리는 내 송별 에티오피아에서 태권도 사범으로 일하던 테겡은 한국에 와서도 외국인들에게 태권도를 가르치고 있었다. 마침 알렉스 오빠와 커피를 마시고 있던 나는 그 글을 읽고 깜짝 놀라 곧장 클럽으로 향했다. 이미 꽤 많은 사람들이 모여 있었는데, 다들 아쉬운 표정이었다. 그가 비자 문제로 오랫동안 힘들어했다는 사실을 대부분의 친구들은 잘 알고 있었다. 테겡은 테이블마다 인제라를 돌렸다.

"정말 떠나는 거야? 이렇게 갑자기?"

"응, 그렇게 됐어. 그동안 함께해 줘서 정말 고마워. 계속 연락하자. 내가 마지막으로 쏘는 거니까 많이 먹어!"

다윗을 떠나보낸 뒤로는 난민이거나 한국 사람과 결혼을 하지 않는 이상, 친구들이 언젠가는 한국을 떠나야 한다는 사실을 알고 있었지만, 막상 그 시점이 또 닥치니 아쉬웠다. 테겡이 떠난다는 사실에 많은 친구들이 진심으로 슬퍼했다. 그때 갑자기 테겡이 앞으로 나가 마이크를 잡았다.

"여러분, 나는 언제까지나 여러분과 함께할 겁니다."

여기저기에서 "나도", "나도"라는 소리가 튀어 나왔다.

"정말 감사합니다. 평생 잊지 못할 거예요. 그리고 거짓말을 해 죄송해요."

모두가 고개를 갸우뚱했다.

"요즘 에티오피아 사람들 사이가 조금 소원해진 것 같아 마음을 모으자는 취지에서 거짓말을 했어요. 진심으로 사과할게요. 나는 떠나지 않습니다. 여기 있는 우리 모두가 이곳에서 잘 살아가려면 서로 힘을 합해야 해요. 우리의 조국을 위해서, 우리의 사랑하는 가족들을 위해서요."

얼마 전 자이언에서 에티오피아 사람들 사이에 벌어진 싸움을 두고 한 말이었다. 술김에 일어난 일이기는 했지만 그동안 쌓인 갈등과 오해가 드러난 사건이었다. 누가 누구는 도와주고 누구는 도와주지 않는다는 둥, 뒤에서 험담을 하고 다닌다는 둥, 난민들을 문제아 취급한다는 둥, 그동안 서로 쉬쉬해 오던 문제들이 사소한 일로 터져버린 그날, 한 사람은 코뼈가 부러질 정도로 크게 다쳤다. 테겡은 그때의 일이 내내 마음에 걸려, 이와 같은 깜짝 파티를 연 것이었다.

테겡의 말처럼 한정된 기회와 정보, 자원을 가지고 살아가는 에티오피아 사람들은 서로가 연대해 돕지 않고서는 정착하거나 성공하는 것이 불가능하다. 테겡은 자신에게도, 그리고 다른 에티오피아 사람들에게도 소중한 장소인 자이언에서 친구들에게 공식적으로 화해를 제안한 것이다. 테겡의 진심을 다들 너무도 잘 알고 있었기에, 그 자리에 참석한 누구도 테겡의 황당한 거짓말을 두고 왈가왈부하지 않았다.

최근 몇 년 간 한국에서 에티오피아 사람들의 수가 크게 늘어나고, 사회적으로도 문화 다양성에 주목하기 시작하면서 에티오피아 친구들이 이태원 바깥에서 에티오피아 문화를 알릴 기회도 많아졌다. 2002년에 폐쇄되었던 주한 에티오피아 대사관이 10년 만에 문을 열고, 〈주한 에티오피아 교민회〉가 정식으로 창설되면서부터는 대외 활동에도 부쩍 탄력이 붙었다. 2012년 5월 25일에 열린 "아프리카의 날" 행사는 대사관이 다시 문을 연 이후 처음으로 참가한 공식 행사인 데다, 서울에서 가장 오가는 사람이 많은 강남 한복판에서 열렸기에 다들 남다른 감회를 느꼈다. 나도 행사를 돕기 위해 춘천에서 함께 공부하던 자말, 아베제, 세이드와 함께 서울로 향했다.

축제가 열리는 강남의 삼성 사옥 앞은 아프리카 17개국 사람들이 각자의 부스를 꾸미느라 한창 분주했다.

"거기 말고, 여기요. 그래야 사람들 눈에 잘 띄지요."

"맙소사, 가장 중요한 국기가 없잖아!"

실수가 있어도, 문제가 생겨도, 사람들의 얼굴에서는 웃음이 떠나지 않았다. 17개국 음식들이 내뿜는 이국적인 향기가 강남 일대를 휘감았고, 색색의 화려한 전통 복장들이 지나가는 행인들의 발목을 붙잡았다.

"에티오피아 커피 한 잔 마시고 가세요. 평화, 우정, 축복을 나눠요."

"오늘이 아니면 맛 볼 수 없어요. 에티오피아 음식 먹고 가세요."

앙골라에서 날아온 이들의 공연으로 축제는 절정에 달했다. 그때 알렉스 오빠가 말했다.

"누가 음악 시디 좀 가져와 봐!"

흥이 많은 에티오피아 사람들이 그냥 지나칠 리 없었다. 에티오피아 음악이 흘러나오자마자 너도나도 약속했다는 듯 무대 위로 올라가 춤을 추었다. 모로코와 가봉 대사 부부도 올라와 에티오피아의 전통춤을 따라 추었다. 부스를 지키는 사람들은 바로 옆 부스의 케냐 사람들과 함께 어깨동무를 하고 노래를 부르기 시작했다.

"잠보 잠보 브와나 하바리 가니 무주리 사나"

케냐 사람들이 애국가처럼 사랑하고 즐겨 부르는 노래를 에티오피아 사람들도 개의치 않고 입을 맞춰 따라 불렀다. 어깨동무를 한 이상 그들은 그저 같은 아프리카인일 뿐이었다. 늘 이태원의 좁고 어두운 골목에만 모여 있던 사람들이 강남 한복판에서 춤을 추고 노래를 부르는 모습을 보니 숨통이 트이는 것 같았다. 에티오피아 친구들도 자이언보다 훨씬 더 넓고, 환하고, 많은 관중을 가진 그 무대에서 해방감과 자부심을 느끼는 듯했다. 행사에 참석한 나라 가운데는 분쟁으로 앙숙인 나라들도 있었지만 그날만큼은 서로가 서로에게 열렬한 환호와 박수를 아끼지 않았다. 축제가 사람들의 마음을 녹이고 있었다.

　〈유네스코〉 주최로 한국에서 처음 열린 〈세계 인문학 포럼〉에
참가하기 위해 부산에 갔다가 남산동 두실역 근처에 있는 알-타파
부산 성원*을 찾았다. 무슬림인 슈먼 이모부 덕분에 이슬람이라
는 종교에 개인적으로 호기심을 갖고 있기도 했고, 마침 당시 교수
님을 도와 국내 이주 노동자들의 종교 행위에 대한 조사를 수행하
고 있었기 때문이다. 주말인데도 성원은 생각보다 한산했다.

　관리자에게 물어보니 부산 성원은 공단 지역과 거리가 워낙 멀
기 때문에 외국인 노동자들이 오기가 쉽지 않아 최근에는 각 공단
주변으로 분회가 생겨나는 추세라고 했다. 그때 사원에서 막 예배
를 마치고 나오는 사람이 눈에 띄었다. 50킬로그램도 채 되지 않
을 것 같은, 깡마른 체격에 눈빛이 허한 청년이었다. 그는 자신을

●　1980년, 서울 이태원의 중앙 성원에 뒤이어 한국에서 두 번째로 세워진 이슬람 성원이다.

인도네시아 자바섬 출신의 수르노라고 소개했다.

"한국엔 2001년에 왔어요. 용접도 하고, 아파트 계단도 만들고,
고무 벨트 만드는 일도 했어요. 지금은 일이 없어요."

수르노는 2001년 산업연수생으로 한국에 처음 왔다가 2003년
에 다시 한국 땅을 밟아 지금까지 미등록인 상태로 이 공장, 저 공
장을 전전하고 있다고 했다.

"자바로 돌아가고 싶어서 비행기 티켓 값을 모으고 있어요.
40만 원이면 된대요. 인도네시아 사람들에게 미안해요. 내가 돌
아가지 않으면 다른 사람들이 못 오니까."•

수르노는 한국에서 보낸 8년 중 3년은 브로커에게 빌린 돈을 갚
는 데 썼고, 1년은 자신이 미등록자라는 걸 악용해 임금을 주지 않
는 사장과 싸우는 데 허비했다고 했다. 함께 저녁을 먹고 난 뒤, 수
르노는 자기 집과 반대 방향으로 가는 나를 기어코 바래다주었다.

"앗살람 알레이쿰"

"알레이쿰 살람"

진심으로 그에게 평화가 깃들기를 바라는 마음을 담아 마지막
인사를 건넸고, 그 역시 오늘 처음 만난 나를 위해 평화를 기원해
주었다. 마음에 무거운 여운이 남는 만남이었다.

• 한국 고용허가제 송출국에 포함된 국가들은 매년 정부 간 합의된 수만큼의 인력을 한국에
  보낼 기회를 갖는다. 하지만 정해진 기간을 넘겨 미등록 상태로 체류하는 이가 생길 경우,
  미등록자의 수만큼 송출 인원이 줄어든다.

다음 날에는 이주 노동자들이 일하는 김해의 공단 지역을 찾았다. 슈먼 이모부의 큰 형도 김해에서 일을 하고 있었기 때문에 그를 통해 김해 일대에 인도네시아, 파키스탄, 방글라데시 등에서 온 이주 노동자들이 십시일반으로 돈을 모아 자그마한 사원들을 여기저기 세웠다는 사실을 알게 되었다. 마침 내가 간 그날이 이슬람력으로 새해가 되는 날이라기에 빈손으로 가기가 무안해 두루마리 휴지와 바나나, 그리고 음료수를 샀다.

이모부 형의 소개로 찾아간 다끄와 성원은 방글라데시 사람들이 돈을 모아 세운 곳이지만, 우즈베키스탄, 인도네시아 사람들도 가림 없이 찾아와 예배를 보고 있었다.

"같은 신 아래 사람들은 모두 하나이니까요."

성원의 관리자인 쟈키르가 말했다.

사원의 사람들은 내가 사온 선물을 그냥 받지 않고 나를 식사에 초대했다. 사람들이 동그랗게 둘러앉은 바닥에는 스프와 생선구이, 샐러드가 차려졌고, 혹시나 내 입맛에 맞지 않을까 걱정이 되었는지 쌀밥까지 준비해 주었다.

식사가 끝나고 챠이를 마시며 여러 이야기가 오갔다.

"일부다처제에 대해 오해가 많은데, 이슬람에서도 한 사람이 한 사람과 결혼하는 게 가장 좋다는 걸 인정해요. 하지만 내가 어느 정도 여유가 있고, 주변에 형편이 어려운 여자가 있으면 결혼해서 그 여자를 안전하게 지켜 주고, 가족들을 부양할 수도 있

스무 살, 흔들리는 청춘의 여행 인문학

는 거죠. 중요한 건 첫째 부인이 반드시 그 결혼을 허락해 줘야한다는 거예요."

"만약에 한국에서 사랑하는 사람을 만났는데, 종교가 다르면어떡해요?"

"무슬림과 결혼을 하면 상대방도 무슬림이 되어야 하고, 자식을 낳으면 그 자식도 무슬림이 되어야 한다는 게 이슬람법이에요. 물론 상대방이 이슬람에 대해 충분히 알 수 있도록 많이 도와야 해요. 한국 사람들은 결혼을 하며 이슬람으로 개종하는 문제를 너무 가볍게 생각하는 것 같아요. 그건 상대방도 마찬가지이죠. 남자든 여자든, 자신의 문화를 알려 주고 가르쳐 줄 자신이 없으면 결혼을 하지 않는 게 좋아요."

한창 대화가 오가는 가운데 구릿빛 피부, 짙은 눈썹에 큼지막한 눈을 가진 방글라데시 사람들이 "행님, 행님" 하며 경상도 사투리를 쓰는 것이 재미있어 웃다가 그제야 이들이 자기들 말을 두고 굳이 한국어로 대화를 나누고 있다는 사실을 깨달았다. 나를 배려하기 위해서였다. 영어로 '이해한다understand'라는 말을 풀어 쓰면, '누군가의 아래에 서다standing-under'라는 뜻이라고 들은 기억이 났다. 다른 사람의 입장이나 환경에 스스로를 놓아 보는 행위가 '이해'라는 것이다. 다끄와 사원에서 만난 이들은 너무나 자연스럽게 그러한 '이해'를 실천하며 살아가는 사람들이었다. 민아

우리는 모두 길 위에서 다시 만날 것이다

　스물두 살, 첫 번째 에티오피아 여행에서 돌아온 뒤 이듬해에 강원대학교 문화인류학과에 편입해 늦깎이 대학생이 되었다. 정말 하고 싶은 공부를 찾겠다며 학교를 그만둔 지 2년 반 만이었다. 동기들은 다들 졸업하고 취직을 할 시기에 나는 거꾸로 직장을 그만두고 대학생이 되려니 적응하기가 쉽지 않았지만, '사람'과 '사람살이'에 대한 재미난 물음들로 가득한 인류학 공부는 언제나 나를 가슴 뛰게 했다.

　시간은 빠르게 흘러 어느덧 졸업 논문을 써야 하는 시기가 찾아왔다. 나는 나와 가장 가까이에 있는 에티오피아 친구들에 관해 논문을 썼다. 한국의 에티오피아 이주민사史를 간략하게 정리한 논문 앞에 나는 "경작되는 이주지"라는 제목을 붙였다. 이주 첫 세대들이 다음 세대를 위해 경작해 온 땅에서, 연대와 우정의 씨앗을 뿌리고, 또 수확을 위해 열심히 땀을 흘리고 있는 나의 에티오피아 친구들에게 바치는 헌사였다.

논문과 한바탕 씨름을 벌이고 나니 어느덧 졸업이 코앞으로 다가왔다. 내 나이와 부모님의 상황, 대출받은 학자금 따위의 현실과 정면으로 마주해야 하는 시점이었다. 지금까지는 그저 내 마음이 가는 대로, 좋아서 해 오던 일들이었는데, 그 일들을 나의 진로와 연결시킬 방법을 고민하다 보니 답이 나오지 않았다. 자신감이 급격히 떨어졌고, 무지막지한 슬럼프가 찾아왔다. 몇 주 동안 밤마다 춘천 집 옆의 공지천에 나가 엉엉 울다가 돌아오길 반복했다. 그때 내 상태를 알아차린 김형준 교수님이 이메일을 보내오셨다.

열심히 뭔가를 하더라도, 매우 가시적인 어떤 것이 보이질 않으면 어느 순간 지치게 마련이지. 민아도 그런 상황인 듯한데 좀 지나면 괜찮아질 거야. 사람들은 한 번에 커다란 도약이 있기를 바라지만 실제로는 조금씩, 조금씩 축적되는 거지. 그러다 어느 순간 갑자기 한 발자국 멀리 가 있다는 걸 느끼게 될 거야.

내게 축적되어 온 것이 무엇일까 생각해 보았다. 여행의 모든 순간과 만남들을 기록한 일기장 세 권과 사진 수천 장, 그것은 내가 지금까지 걸어온 길이 내게 남긴 유일한 족적이었고, 언제든 다시 찾아갈 수 있도록 그곳과 나를 희미하게 연결해 주는 실선이었다.

에티오피아의 짙푸른 녹음과 사람의 허리춤에 감기던 구름, 유바잘리의 밀밭에서 달걀을 찾으며 들었던 쿠르드 아이들의 노랫소리, 트라브니크의 카페 델리에서 친구들과 즐겨 듣던 유고슬라비아 시절의 노래…….

"우리 이제 그만 집으로 돌아가자. 어머니가 만들어 주시던 음식을 기억하는가. 뜰 앞의 나무와 꽃들을 기억하는가. 모든 것들이 그립다. 우리 이제 그만 집으로 돌아가자."

단지 머릿속에 떠올렸을 뿐인데도 그때의 감각들이 다시금 생생하게 살아났다. 잊혀진 것은 하나도 없었다. 그 족적과 실선과 기억들이 나의 일상에, 배움에, 새로운 만남에 계속해서 영향을 미치고 있었다. 인류학을 선택한 것, 에티오피아 친구들을 사귄 것, 이주 노동자들을 만나러 다닌 것, 보스니아 영화를 찾아보게 된 것 모두 나의 여행과 여행에서의 만남들이 빚은 결과였다.

마지막 여름 방학을 이용해 터키에서 발칸, 에티오피아로 이어지는 여행을 하고 돌아온 내게 김형준 교수님은 저녁을 사주며 특별한 제안을 하셨다.

"이번 학기부터 우리 학과에서 콜로키움이라는 걸 하는데, 네가 우리 과 첫 강연을 맡아 봐라."

"네? 제가요? 선생님도 참, 저처럼 평범한 사람이 무슨 강연을 해요."

"그러니까 너 보고 하라는 거지. 그래야 다른 애들도 더 공감하고, 동기 부여도 될 거 아냐."

두 달 뒤, 나는 학과 친구들과 교수님들 앞에서 처음으로 나의 여행 이야기를 풀어 놓았다. 그리고 그로부터 또 한 달 뒤에는 내가 졸업한 고등학교 후배들 앞에서 강연을 했는데, 강연이 끝나고 졸업반 학생 한 명이 수줍게 다가오더니 "언니, 너무 멋있어요. 사진 한 장만 같이 찍으면 안돼요?"라고 물었다. 자격지심으로 똘똘 뭉친 콤플렉스 덩어리였던 내겐 참으로 낯선 사건이었다.

여행을 하고 난 뒤, 한국에 돌아오면 꼭 며칠은 호되게 앓는다. 아마도 내게 마음을 열어 준 사람들 곁에 더 오래 머물지 못한 죄책감, 내가 목격한 것들과 다시 돌아온 일상 사이의 괴리감 때문에 찾아오는 마음의 병이지 않나 싶다. 가슴 위에 올려놓은 그 무거운 돌덩어리를 내려놓기 위해서 여행 중에 인연을 맺은 사람들과 계속해서 연락을 하고, 내가 머물던 곳들의 사정에 귀를 기울였다. 발칸을 여행하던 중에 이영진 교수님께 "도시 어디에서나 볼 수 있는 기념탑과 박물관, 묘지들이 계속 선생님 수업을 상기하게 만드네요"라고 메일을 보냈더니, 이런 답장을 받았다.

'상기'는 인간다움의 한 징표이지요.

유독 편지의 그 구절이 머릿속을 떠나지 않았다. 그 말처럼 계속해서 잊지 않고 기억하는 것이 때로는 행동하는 것만큼이나 서로에게 의미 있는 일일 수 있겠다는 생각이 들었다.

나는 지금 메자 언니가 준비한 데이브의 둘째 딸 백일잔치에 와 있다. 데이브 식구와 메자 언니, 아이작, 에밀리, 한국에 온 지 이제 겨우 한 달이 된 새내기까지, 무려 열일곱 명이 꽉 들어찬 언니네 집은 새벽 한 시가 되도록 이야기가 끊이지 않고 있다. 친구들 사이에서 능숙하게 딸아이의 기저귀를 갈고 있는 데이브를 보며 "맙소사, 네가 애가 둘이나 딸린 아빠가 되었다니!" 하며 놀렸더니, 그도 맞장구를 쳤다.

"그러게 말이야. 나도 아직 매일이 꿈인 것만 같다니까?"

데이브의 말처럼 우리네 각자의 삶이 드라마이고, 신기루인지도 모르겠다. 우주를 통틀어 생각하면 아주 짧은 시간이겠지만, 그래도 아름답게 머물다 사라지는 존재들 말이다. 어린 나이에 설익은 마음으로 떠난 나의 여정 위에 신기루처럼 나타나 주었던 아름다운 사람들과, 그들의 소중한 삶을 가까이에서 마주할 수 있었던 것에 진심으로 감사하다.

"비디모 세Vidimo se."

우리는 모두 길 위에서 다시 만날 것이다.

스무 살,
흔들리는 청춘의 여행 인문학

지은이 엄민아
펴낸이 이명희
펴낸곳 도서출판 이후
편 집 김은주, 신원제, 유정언
표지 디자인 공중정원 박진범
본문 디자인 SSUNG

첫 번째 찍은 날 2014년 9월 24일

글·그림 © 엄민아

등 록 1998. 2. 18(제13-828호)
주 소 121-754 서울시 마포구 동교동 165-8 엘지팰리스 빌딩 1229호
전 화 **대표** 02-3141-9640 **편집** 02-3141-9643 **팩스** 02-3141-9641
홈페이지 www.ewho.co.kr
ISBN 978-89-6157-076-3 03980

이 책의 국립중앙도서관 출판시도서목록(CIP)은 e-CIP홈페이지(http://www.nl.go.kr/ecip)와
국가자료공동목록시스템(http://www.nl.go.kr/kolisnet)에서 이용하실 수 있습니다.
(CIP제어번호: CIP2014026270)